Vadde SeethaRama Rao
L. V. R. Chaithanya Prasad
Dubala Rama Devi

Implementação FPGA do algoritmo de troca de chaves

Vadde SeethaRama Rao
L. V. R. Chaithanya Prasad
Dubala Rama Devi

Implementação FPGA do algoritmo de troca de chaves

ScienciaScripts

Imprint

Any brand names and product names mentioned in this book are subject to trademark, brand or patent protection and are trademarks or registered trademarks of their respective holders. The use of brand names, product names, common names, trade names, product descriptions etc. even without a particular marking in this work is in no way to be construed to mean that such names may be regarded as unrestricted in respect of trademark and brand protection legislation and could thus be used by anyone.

Cover image: www.ingimage.com

This book is a translation from the original published under ISBN 978-620-2-06204-6.

Publisher:
Sciencia Scripts
is a trademark of
Dodo Books Indian Ocean Ltd. and OmniScriptum S.R.L publishing group

120 High Road, East Finchley, London, N2 9ED, United Kingdom
Str. Armeneasca 28/1, office 1, Chisinau MD-2012, Republic of Moldova, Europe
Managing Directors: Ieva Konstantinova, Victoria Ursu
info@omniscriptum.com

Printed at: see last page
ISBN: 978-620-8-50686-5

Copyright © Vadde SeethaRama Rao, L. V. R. Chaithanya Prasad, Dubala Rama Devi
Copyright © 2024 Dodo Books Indian Ocean Ltd. and OmniScriptum S.R.L publishing group

RESUMO

Devido ao rápido crescimento da comunicação digital e do intercâmbio eletrónico de dados, a segurança da informação tornou-se uma questão crucial na indústria, nos negócios e na administração. A necessidade de segurança da informação numa organização sofreu duas grandes alterações nas últimas décadas. Esta segurança pode ser efectuada com a ajuda da criptografia. A criptografia é o estudo de técnicas matemáticas relacionadas com aspectos da segurança da informação, como a privacidade, a integridade dos dados e a autenticação de entidades.

O algoritmo de troca de chaves Diffie Hellman (D-H) é um conceito assimétrico de criptografia de chave pública, que se refere a um sistema criptográfico que requer duas chaves separadas, uma das quais é privada e a outra é pública. Este algoritmo foi desenvolvido para trocar a chave entre duas partes que não têm conhecimento prévio uma da outra para estabelecer conjuntamente uma chave secreta partilhada através de um canal de comunicações inseguro. Este algoritmo é suscetível a dois ataques, ou seja, o ataque de logaritmo discreto e o ataque man-in-the-middle. Assim, o algoritmo D-H foi modificado para um protocolo interativo de prova de conhecimento zero. O protocolo proposto foi concebido para satisfazer as propriedades da prova de conhecimento zero e resistir aos ataques conhecidos.

Diffie-Hellman é atualmente utilizado em muitas aplicações, como Secure Sockets Layer (SSL), Transport Layer Security (TLS), Secure Shell (SSH) e Internet Protocol Security (IPSec) Public Key Infrastructure (PKI). Esta técnica é concebida utilizando Verilog HDL com a ferramenta Xilinx ISE Design suite 12.4. O projeto é implementado na placa FPGA Xilinx SPARTAN 3E XC3S500E fg320.

RECONHECIMENTO

Agradeço sinceramente ao **Dr. A. D. Rajkumar, Diretor** da CVR College of Engineering, pelo seu apoio e encorajamento constantes.

Estou muito grato ao **Dr. K. S. Nayanathara, HOD**, Engenharia Eletrónica e de Comunicações, que não só demonstrou a maior paciência, como também foi fértil em sugestões e vigilante na deteção de erros, tendo sido infinitamente útil.

Os meus sinceros agradecimentos à **Dra. T. Esther Rani, Coordenadora do PG**, CVR College of Engineering, que me ajudou muito na avaliação dos seminários do meu projeto e me deu sugestões valiosas.

Tenho o maior prazer em exprimir o meu profundo sentimento de gratidão ao meu orientador de projeto, **Sr. M. Ashok, Professor Assistente Sénior**, Departamento ECE, pela sua orientação desde a conceção inicial.

Gostaria de agradecer especialmente ao **Sr. B. Shankar, Professor Assistente, Coordenador do M.Tech, Projeto de Sistemas VLSI**, Departamento de ECE, pela sua ajuda, inspiração e apoio moral.

Gostaria de agradecer ao responsável pelo laboratório VLSI, **Sr. R. Ganesh, Sr. Professor Assistente, Departamento ECE, pelo seu apoio na realização do meu projeto. Asst. Professor**, ECE Dept, pelo seu apoio na conclusão do meu projeto.

Desejo um profundo sentimento de gratidão e um agradecimento especial à direção por disponibilizar excelentes instalações e instrumentos de laboratório.

Índice

LISTA DE ACRÓNIMOS

ASIC	:	Application Specific Integrated Circuit
AES	:	Advanced Encryption Standard
CAD	:	Computer Aided Design
CLB	:	Configurable Logic Block
CA	:	Certificate Authorities.
D H	:	Diffie Hellman
DES	:	Data Encryption Standard
FPGA	:	Field Programmable Gate Array
FTP	:	File Transfer Protocol
HDL	:	Hardware Description Language
ISE	:	Integrated Software Environment
IETF	:	Internet Engineering Task Force
IPSec	:	IP Security
IKE	:	Internet Key Exchange
ITU	:	International Telecommunication Union
IEEE	:	Institute of Electrical and Electronics Engineers
JTAG	:	Joint Test Access Group
LUT	:	Look-Up-Table
MIME	:	Multi-Purpose Internet Mail Extensions

NGC	:	Native Generic Circuit
NGD	:	Native Generic Database
NIST	:	National Institute for Standards and Technology
OSI	:	Open Systems Interconnection
OVI	:	Open Verilog International
PAL	:	Programmable Array Logic
PLD	:	Programmable Logic Devices
PKI	:	Public Key Infrastructure
PROM	:	Programmable Read Only Memory
RTL	:	Register Transfer Level
SOC	:	System On Chip
SPLD	:	Simple Programmable Logic Devices
STA	:	Static Timing Analysis
SSL	:	Secure Socket Layer
SSL	:	Secure Shell
TLS	:	Transport Layer Security
TCP	:	Transmission Control Protocol
UCF	:	User Constraints File
XST	:	Xilinx Synthesis Tool
ZKP	:	Zero Knowledge Proof

1. INTRODUÇÃO

1.1 Motivação

Nos protocolos de palavras-passe simples, um requerente A fornece a sua palavra-passe a um verificador B. Se não forem tomadas certas precauções, um espião pode obter a palavra-passe que foi transferida e, a partir daí, fazer-se passar por A em seu benefício. Outros protocolos tentam melhorar esta situação, como no caso dos sistemas de resposta a desafios. Uma prova de conhecimento zero é um método interativo para uma parte provar a outra que uma afirmação geralmente matemática é verdadeira, sem revelar nada para além da veracidade da afirmação. É prática comum designar as duas partes numa prova de conhecimento zero como o provador da afirmação e o verificador da afirmação.

O algoritmo de troca de chaves Diffie Hellman é um método específico de troca de chaves secretas. É um dos primeiros exemplos práticos de troca de chaves implementados no domínio da criptografia. O algoritmo de troca de chaves DH permite que duas partes que não têm conhecimento prévio uma da outra estabeleçam conjuntamente uma chave secreta partilhada através de canais de comunicação inseguros.

Esta chave pode então ser utilizada para encriptar comunicações subsequentes utilizando uma cifra de chave simétrica. Foi concebido especialmente para a troca de chaves secretas em canais de comunicação inseguros. Foi proposto um novo ZKP baseado na modificação do algoritmo de troca de chaves DH para um protocolo de conhecimento zero. São apresentadas duas versões do protocolo proposto; a primeira foi construída em torno do algoritmo básico de troca de chaves DH, que é vulnerável a ataques do tipo "man-in-the middle". A segunda versão proposta resolve o problema do ataque mencionado.

Uma prova de conhecimento zero é uma prova de uma afirmação que não revela nada para além da veracidade da afirmação. A palavra "prova" não é aqui utilizada no sentido matemático tradicional. Em vez disso, uma "prova", ou equivalentemente um "sistema de prova", é um protocolo interativo através do qual uma parte, chamada provador, pretende convencer outra parte, chamada verificador, de que uma dada afirmação é verdadeira. No ZKP, o provador prova que conhece um segredo sem o revelar.

A investigação em provas de conhecimento zero foi motivada por sistemas de autenticação em que uma parte pretende provar a sua identidade a uma segunda parte através de uma informação secreta, como uma palavra-passe, mas não quer que a segunda parte saiba nada sobre esse segredo. A isto chama-se uma "prova de conhecimento zero". No entanto, uma palavra-passe é normalmente demasiado pequena ou insuficientemente aleatória para ser utilizada em muitos esquemas de provas de conhecimento zero.

A prova de palavra-passe de conhecimento zero é um tipo especial de prova de conhecimento zero que aborda o tamanho limitado das palavras-passe. Uma das utilizações mais fascinantes das provas de conhecimento zero em protocolos criptográficos é impor um comportamento honesto, mantendo a privacidade. Grosso modo, a ideia é obrigar um utilizador a provar, utilizando uma Prova de Conhecimento Zero, que o seu comportamento é correto de acordo com o protocolo. Devido à solidez, sabemos que o utilizador deve realmente agir honestamente para poder fornecer uma prova válida. Por causa do conhecimento zero, sabemos que o utilizador não compromete a privacidade dos seus segredos no processo de fornecer a prova.

O algoritmo de troca de chaves Diffie Hellman é um conceito assimétrico de criptografia de chave pública, que se refere a um sistema criptográfico que requer duas chaves separadas, uma secreta e outra pública.

Embora diferentes, as duas partes do par de chaves estão matematicamente ligadas. Uma chave bloqueia ou encripta o texto simples e a outra desbloqueia ou desencripta o texto cifrado. Nenhuma das chaves pode desempenhar ambas as funções por si só. A chave pública pode ser publicada sem comprometer a segurança, enquanto a chave privada não deve ser revelada a ninguém que não esteja autorizado a ler as mensagens.

A criptografia proporcionou-nos uma assinatura digital que se assemelha, em termos de funcionalidade, à assinatura manuscrita e a certificados digitais relacionados com um bilhete de identidade ou outros documentos oficiais. A criptografia moderna fornece técnicas essenciais para garantir a segurança das informações e proteger os dados.

1.2 Objetivo

Existem redes e agrupamentos de entidades que exigem a autenticação de entidades, preservando a privacidade da entidade que está a ser autenticada. A prova de conhecimento zero desempenha um papel importante na autenticação sem revelar informações secretas.

Em criptografia, uma prova de conhecimento zero ou protocolo de conhecimento zero é um método pelo qual uma parte pode provar a outra que uma afirmação é verdadeira, sem permitir que a outra parte prove a afirmação a qualquer outra pessoa.

O algoritmo de troca de chaves Diffie Hellman foi desenvolvido para trocar chaves secretas através de canais não protegidos. Neste documento, o algoritmo DH foi modificado para um protocolo interativo de prova de conhecimento zero. O protocolo proposto foi concebido para satisfazer as propriedades de prova de conhecimento zero e resistir aos ataques conhecidos.

Analisar o Algoritmo & Arquitetura para Diffie Hellman e implementar o Algoritmo juntamente com ZKP. Simular o código Verilog usando as ferramentas Xilinx.

1.3 Organização da tese

A tese está organizada da seguinte forma:

- ❖ O capítulo 1 apresenta uma introdução aos protocolos de Prova de Conhecimento Zero
- ❖ O capítulo 2 do relatório apresenta uma pesquisa bibliográfica sobre os princípios básicos dos modelos de segurança de rede para aplicações de alta segurança.
- ❖ O capítulo 3 do relatório apresenta uma descrição pormenorizada do algoritmo DH com etapas, vantagens, desvantagens e aplicações.
- ❖ O capítulo 4 apresenta a implementação dos protocolos de prova de conhecimento zero da versão 1 e da versão 2 com a ajuda das ferramentas ISE da Xilinx. Este capítulo também apresenta os resultados da implementação de cada um dos blocos do sistema proposto em termos de esquemas RTL e relatórios de síntese.
- ❖ O capítulo 5 apresenta os resultados da simulação de diferentes módulos, tais como Potência, Divisão, Algoritmo DH e Prova de Conhecimento Zero, utilizando a ferramenta Xilinx.
- ❖ O capítulo 6 apresenta a implementação em FPGA do algoritmo de troca de chaves Diffie Hellman para prova de conhecimento zero, utilizando a placa FPGA Xilinx SPARTAN 3E XC3S500E fg320.
- ❖ A conclusão e o âmbito futuro são apresentados no capítulo 7 e seguidos de Referências.

2. PESQUISA BIBLIOGRÁFICA

Devido ao rápido crescimento das comunicações digitais e do intercâmbio eletrónico de dados, a segurança da informação tornou-se uma questão crucial na indústria, nos negócios e na administração. Os requisitos de segurança da informação numa organização sofreram duas grandes alterações nas últimas décadas. A procura de segurança eficaz na Internet está a aumentar exponencialmente de dia para dia. Assim, para uma elevada proteção e manutenção da integridade dos dados, é necessário um sistema de segurança robusto e seguro. Com a aplicação generalizada da Internet, especialmente a adoção crescente do paradigma da computação em nuvem, o armazenamento de dados sensíveis dos utilizadores em anfitriões remotos e não fiáveis na Internet tornou-se popular. A disponibilidade pública de informações sobre as pessoas deu origem a preocupações naturais com a privacidade, apesar de as verdadeiras identidades dos participantes nos rastreios serem tornadas anónimas.

Os requisitos de segurança da informação numa organização sofreram duas grandes alterações nas últimas décadas. Antes da utilização generalizada de equipamento de processamento de dados, a segurança da informação considerada valiosa para uma organização era assegurada principalmente por meios físicos e administrativos. Um exemplo dos primeiros é a utilização de armários de arquivo robustos com uma fechadura de combinação para guardar documentos sensíveis. Um exemplo do segundo são os procedimentos de seleção de pessoal utilizados durante o processo de contratação. Com a introdução do computador, tornou-se evidente a necessidade de ferramentas automatizadas para proteger ficheiros e outras informações armazenadas no computador. Este é especialmente o caso de um sistema partilhado, como um sistema de partilha de tempo, e a necessidade é ainda mais premente para sistemas que podem ser acedidos através de uma rede telefónica pública, de uma rede de dados ou da Internet. O nome genérico do conjunto de ferramentas destinadas a proteger os dados e a impedir os piratas informáticos é Segurança Informática. A segunda grande mudança que afectou a segurança foi a introdução de sistemas distribuídos e a utilização de redes e meios de comunicação para transportar dados entre o utilizador terminal e o computador e entre o computador e o computador. São necessárias medidas de segurança das redes para proteger os dados durante a sua transmissão. De facto, o termo Segurança de rede é um pouco enganador, porque praticamente todas as organizações empresariais, governamentais e académicas interligam o equipamento de processamento de dados com um conjunto de redes interligadas. Esta coleção é frequentemente designada por Internet e o termo Segurança da Internet é utilizado.

2.1 Definição de criptografia

A criptografia, derivada da palavra grega Crypto's que significa "escondido" ou "segredo" e graphic que significa "escrita" ou "estudo", respetivamente, é a prática e o estudo de técnicas de comunicação segura na presença de terceiros, chamados adversários.

A criptografia é a ciência que permite tornar a comunicação ininteligível para todos, exceto para os destinatários previstos. É o estudo dos métodos de envio de mensagens de forma disfarçada, de modo a que apenas os destinatários pretendidos possam remover o disfarce e ler a mensagem. Um criptossistema é um conjunto de algoritmos, indexados por uma ou mais chaves, para codificar mensagens em texto cifrado e descodificá-las de novo em texto simples. De um modo mais geral, trata-se de construir e analisar protocolos que superam a influência dos adversários e que estão relacionados com vários aspectos da segurança da informação, como a confidencialidade dos dados, a integridade dos dados, a autenticação e o não repúdio

Para avaliar eficazmente as necessidades de segurança de uma organização e para avaliar e escolher vários produtos e políticas de segurança, o gestor responsável pela segurança precisa de uma forma sistemática de definir os requisitos de segurança e caraterizar as abordagens para satisfazer esses requisitos. Isto já é suficientemente difícil num ambiente de processamento de dados centralizado; com a utilização de redes locais e de área alargada, os problemas são agravados.ITU. A Recomendação X.800, Arquitetura de Segurança para OSI, define uma abordagem sistemática deste tipo. A arquitetura de segurança OSI é útil para os gestores como forma de organizar a tarefa de proporcionar segurança. Além disso, uma vez que esta arquitetura foi desenvolvida como norma internacional, os fornecedores de computadores e comunicações desenvolveram caraterísticas de segurança para os seus produtos e serviços que se relacionam com esta definição estruturada de serviços e mecanismos.

2.2 Segurança informática

A proteção conferida a um sistema de informação automatizado para atingir os objectivos aplicáveis de preservação da integridade, disponibilidade e confidencialidade dos recursos do sistema de informação inclui hardware, software, firmware, informações/dados e telecomunicações.

Esta definição introduz três objectivos-chave que estão no cerne da segurança informática:

2.2.1 Confidencialidade

Este termo abrange dois conceitos relacionados. Confidencialidade dos dados: Garante que a informação privada ou confidencial não é disponibilizada ou divulgada a pessoas não autorizadas. A privacidade garante que os indivíduos controlam ou influenciam as informações que lhes dizem respeito, que podem ser recolhidas e armazenadas e por quem e a quem essas informações podem ser divulgadas.

2.2.2 Integridade

Este termo abrange dois conceitos relacionados, ou seja, a integridade dos dados garante que as informações e os programas são alterados apenas de uma forma especificada e autorizada. Integridade do sistema: Assegura que um sistema desempenha a sua função pretendida de forma irrepreensível, livre de manipulação deliberada ou inadvertida não autorizada do sistema.

2.2.3 Disponibilidade

Assegura que os sistemas funcionam prontamente e que o serviço não é negado a utilizadores autorizados. Esta definição introduz três objectivos-chave que estão no cerne da segurança informática:

2.3 Ataques à segurança

Qualquer ação que comprometa a segurança das informações pertencentes a uma organização. Um ataque à segurança do sistema que deriva de uma ameaça inteligente; ou seja, um ato inteligente que é uma tentativa deliberada, especialmente no sentido de um método ou técnica para contornar os serviços de segurança e violar a política de segurança de um sistema.

Um meio útil de classificar os ataques à segurança, utilizado tanto no X.800 como no RFC 2828, é em termos de ataques passivos e ataques activos. Um ataque passivo tenta aprender ou utilizar informações do sistema, mas não afecta os recursos do sistema. Um ataque ativo tenta alterar os recursos do sistema ou afetar o seu funcionamento.

2.3.1 Ataques passivos

Um ataque passivo a um criptossistema é aquele em que o criptanalista não pode interagir com nenhuma das partes envolvidas, tentando quebrar o sistema apenas com base nos dados observados (ou seja, o texto cifrado). Isto também pode incluir ataques conhecidos de texto simples, em que tanto o texto simples como o texto cifrado correspondente são conhecidos. Os ataques passivos têm a natureza de escutas ou monitorização de transmissões. O objetivo do adversário é obter informações que estão a ser transmitidas. Dois tipos de ataques passivos são a divulgação do conteúdo das mensagens e a análise do tráfego.

2.3.1.1 Divulgação do conteúdo da mensagem

Uma conversa telefónica, uma mensagem de correio eletrónico e um ficheiro transferido podem conter informações sensíveis ou confidenciais. Gostaríamos de evitar que um adversário tome conhecimento do conteúdo destas transmissões.

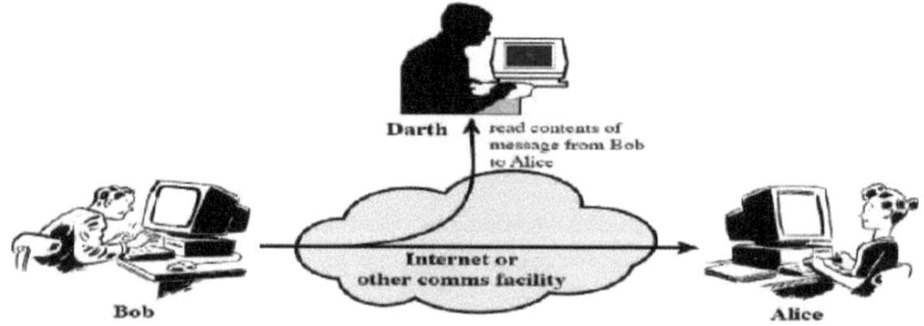

Figura 2.1: Divulgação do conteúdo da mensagem

2.3.1.2 Análise de tráfego

Neste ataque, o espião analisa o tráfego, determina a localização, identifica os anfitriões em comunicação, observa a frequência e a duração das mensagens trocadas. Utilizando todas estas informações, prevêem a natureza da comunicação. Todo o tráfego de entrada e de saída da rede é analisado, mas não é alterado.

Suponhamos que tínhamos uma forma de mascarar o conteúdo das mensagens ou outro tipo de tráfego de informação de modo a que os adversários, mesmo que capturassem a mensagem, não pudessem extrair a informação da mensagem. A técnica comum para mascarar conteúdos é a encriptação. Se tivéssemos uma proteção de encriptação, um adversário poderia ainda assim ser capaz de observar o padrão destas mensagens. O adversário poderia determinar a localização e a identidade dos anfitriões que comunicam e poderia observar a frequência e a duração das mensagens trocadas. Esta informação pode ser útil para adivinhar a natureza da comunicação que está a ocorrer.

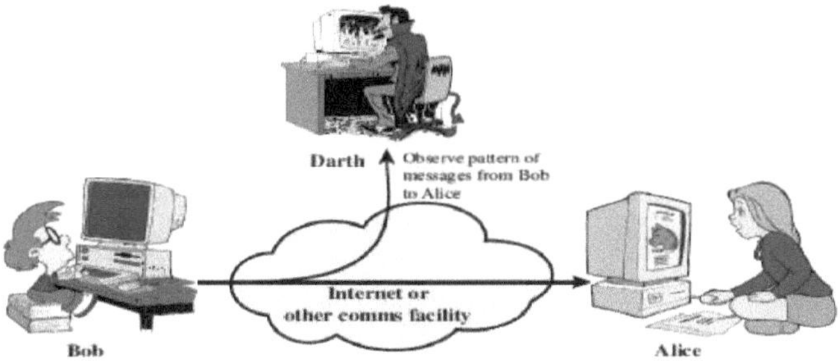

Figura 2.2: Análises de tráfego

Os ataques passivos são muito difíceis de detetar porque não envolvem qualquer alteração dos dados. Normalmente, o tráfego de mensagens não é enviado e recebido de forma aparentemente normal e nem o emissor nem o recetor têm conhecimento de que um terceiro leu as mensagens ou observou o padrão de tráfego. No entanto, é possível impedir o êxito destes ataques, normalmente através de encriptação. Assim, a ênfase no tratamento dos ataques passivos é colocada na prevenção e não na deteção.

2.3.2 Ataques activos

Os ataques activos envolvem alguma modificação do fluxo de dados ou a criação de um fluxo falso e podem ser subdivididos em quatro categorias: mascaramento, repetição, modificação de mensagens e negação de serviço.

2.3.2.1 Mascarada

Uma mascarada ocorre quando uma entidade finge ser uma entidade diferente. Um ataque de mascaramento inclui normalmente uma das outras formas de ataque ativo. Por exemplo, as sequências de autenticação podem ser capturadas e reproduzidas após a realização de uma sequência de autenticação válida, permitindo assim que uma entidade autorizada com poucos privilégios obtenha privilégios adicionais fazendo-se passar por uma entidade que tem esses privilégios.

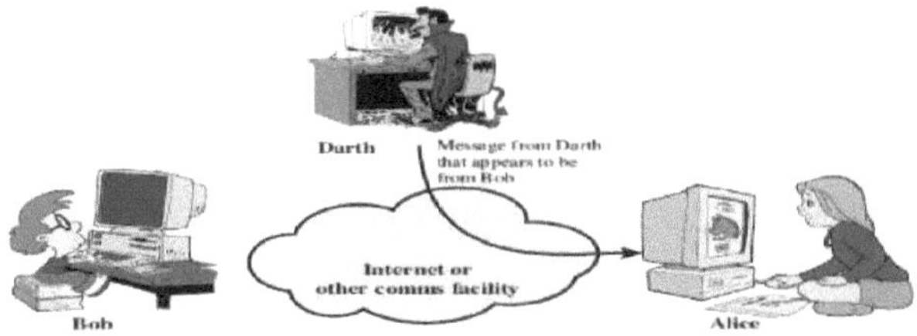

Figura 2.3: Mascaradas

2.3.2.2 Repetição

Um ataque de repetição, também conhecido como ataque de reprodução, é uma forma de ataque à rede em que uma transmissão de dados válida é repetida ou atrasada de forma maliciosa ou fraudulenta. Este ataque é efectuado pelo originador ou por um adversário que intercepta os dados e os retransmite, possivelmente como parte de um ataque de mascaramento por substituição de pacotes IP, como o ataque de stream Cipher. A repetição envolve a captura passiva de uma unidade de dados e a sua subsequente retransmissão para produzir um efeito não autorizado.

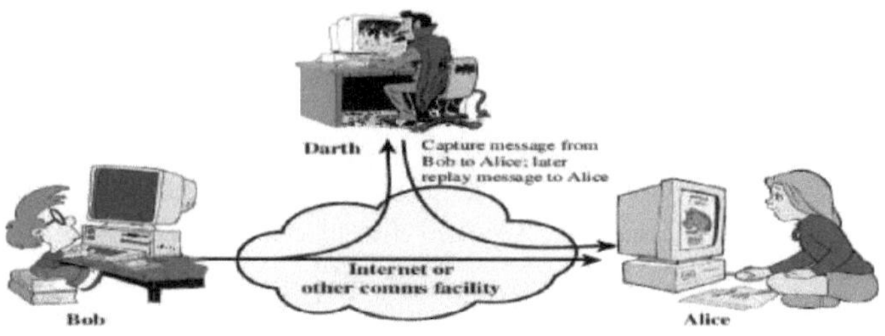

Figura 2.4:Repetição

2.3.2.3 Modificação da mensagem

A modificação de mensagens significa simplesmente que alguma parte de uma mensagem legítima é alterada, ou que as mensagens são atrasadas ou reordenadas, para produzir um efeito não autorizado. Por exemplo, uma mensagem que significa "Permitir que John Smith leia contas de ficheiros confidenciais" é modificada para significar "Permitir que Fred Brown leia contas de ficheiros confidenciais".

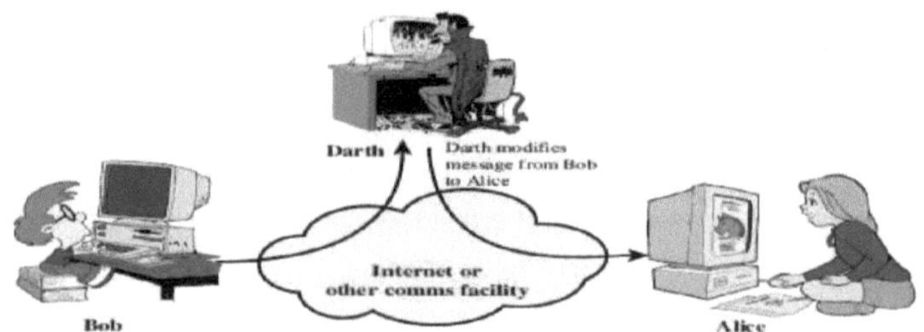

Figura 2.5: Modificação da mensagem

2.3.2.4 Negação de serviço

A negação de serviço impede ou inibe a utilização ou gestão normal dos meios de comunicação. Este ataque pode ter um alvo específico; por exemplo, uma entidade pode suprimir todas as mensagens dirigidas a um determinado destino, como o serviço de auditoria de segurança. Outra forma de negação de serviço é a perturbação de uma rede inteira, quer desactivando a rede, quer sobrecarregando-a com mensagens de modo a degradar o seu desempenho.

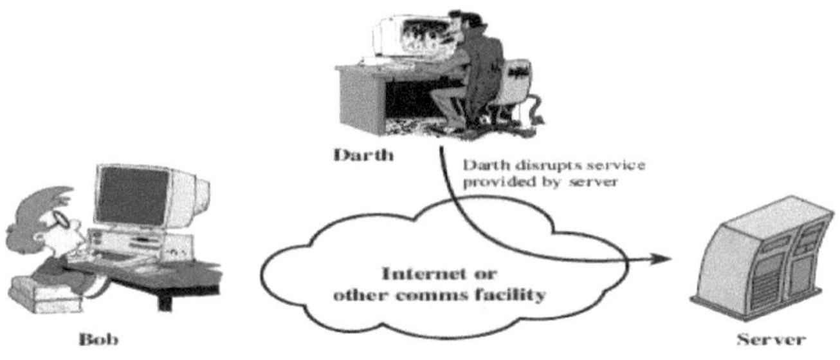

Figura 2.6: Negação de serviço

Os ataques activos apresentam as caraterísticas opostas aos ataques passivos. Enquanto os ataques passivos são difíceis de detetar, existem medidas para evitar o seu sucesso. Por outro lado, é bastante difícil prevenir absolutamente os ataques activos, devido à grande variedade de potenciais vulnerabilidades físicas, de software e de rede. Em vez disso, o objetivo é detetar ataques activos e recuperar de quaisquer perturbações ou atrasos por eles causados. Se a deteção tiver um efeito dissuasor, pode também contribuir para a prevenção.

2.4 Serviços de segurança

O X.800 define um serviço de segurança como um serviço fornecido por uma camada de protocolo de comunicação de sistemas abertos e que garante a segurança adequada dos sistemas ou das transferências de dados.

2.4.1 Autenticação

O serviço de autenticação tem por objetivo garantir a autenticidade de uma comunicação. No caso de uma mensagem única, como um sinal de aviso ou de alarme, a função do serviço de autenticação é garantir ao destinatário que a mensagem provém da fonte que diz ser. No caso de uma interação contínua, como a ligação de um terminal a um anfitrião, estão envolvidos dois aspectos. Em primeiro lugar, no momento do início da ligação, o serviço garante que as duas entidades são autênticas, ou seja, que cada uma delas é a entidade que afirma ser. Em segundo lugar, o serviço tem de garantir que a ligação não sofre interferências de modo a que um terceiro se possa fazer passar por uma das duas partes legítimas para efeitos de transmissão ou receção não autorizadas. Dois serviços de autenticação específicos são definidos no X.800:

2.4.1.1 Autenticação de entidades homólogas

A autenticação de entidades homólogas permite a confirmação da identidade de uma entidade homóloga numa associação. Duas entidades são consideradas pares se implementarem o mesmo protocolo em sistemas diferentes; por exemplo, dois módulos TCP em dois sistemas de comunicação. A autenticação da entidade par é fornecida para utilização no estabelecimento de uma ligação ou, por vezes, durante a fase de transferência de dados. Tenta garantir que uma entidade não está a executar uma mascarada ou uma repetição não autorizada de uma ligação anterior.

2.4.1.2 Autenticação da origem dos dados

A autenticação da origem dos dados permite a corroboração da fonte de uma unidade de dados. Não fornece proteção contra a duplicação ou modificação de unidades de dados. Este tipo de serviço suporta aplicações como o correio eletrónico, em que não há interações prévias entre as entidades comunicantes.

2.4.2   Controlo de acesso

O controlo do acesso é a capacidade de limitar e controlar o acesso a sistemas anfitriões e aplicações através de ligações de comunicações. Para tal, cada entidade que tenta obter acesso deve ser identificada ou autenticada, de modo a que os direitos de acesso possam ser adaptados ao indivíduo.

2.4.3 Confidencialidade dos dados

A confidencialidade é a proteção dos dados transmitidos contra ataques passivos. No que diz respeito ao conteúdo de uma transmissão de dados, podem ser identificados vários níveis de proteção. O serviço mais amplo protege todos os dados do utilizador transmitidos entre dois utilizadores durante um período de tempo. Por exemplo, quando uma ligação TCP é estabelecida entre dois sistemas, esta proteção ampla impede a libertação de quaisquer dados do utilizador transmitidos através da ligação TCP. Podem também ser definidas formas mais restritas deste serviço, incluindo a proteção de uma única mensagem ou mesmo de campos específicos de uma mensagem. Estes refinamentos são menos úteis do que a abordagem alargada e podem até ser mais complexos e dispendiosos de implementar. O outro aspeto da confidencialidade é a proteção do fluxo de tráfego contra a análise. Para tal, é necessário que um atacante não possa observar a origem e o destino, a frequência, a duração ou outras caraterísticas do tráfego numa instalação de comunicações.

2.4.4 Integridade dos dados

A confidencialidade e a integridade podem aplicar-se a um fluxo de mensagens, a uma única mensagem ou a campos selecionados de uma mensagem. Mais uma vez, a abordagem mais útil e direta é a proteção total do fluxo.

Um serviço de integridade orientado para a ligação, que lida com um fluxo de mensagens, garante que as mensagens são recebidas tal como foram enviadas, sem duplicação, inserção, modificação, reordenação ou repetição. A destruição de dados também é abrangida por este serviço. Assim, o serviço de integridade orientado para a ligação trata tanto da modificação do fluxo de mensagens como da recusa de serviço.

O serviço de integridade sem ligação, que lida com mensagens individuais sem ter em conta qualquer texto mais vasto, fornece geralmente proteção apenas contra a modificação de mensagens. Podemos fazer uma distinção entre o serviço com e sem recuperação. Dado que o serviço de integridade está relacionado com ataques activos, estamos preocupados com a deteção e não com a prevenção. Se for detectada uma violação da integridade, o serviço pode simplesmente comunicar essa violação, sendo necessária alguma outra parte do software ou a intervenção humana para recuperar da violação. Em alternativa, existem mecanismos disponíveis para recuperar da perda de integridade dos dados, como analisaremos posteriormente. A incorporação de mecanismos de recuperação automatizados é, em geral, a alternativa mais atractiva.

2.4.5 Não repúdio

Nenhum repúdio impede o emissor ou o recetor de negar uma mensagem transmitida. Assim, quando uma mensagem é enviada, o recetor pode provar que o alegado remetente enviou de facto a mensagem. Do mesmo modo, quando uma mensagem é recebida, o emissor pode provar que o alegado recetor recebeu de facto a mensagem.

2.4.6 Serviço de disponibilidade

A disponibilidade é a propriedade de um sistema ou de um recurso do sistema ser acessível e utilizável a pedido de uma entidade autorizada do sistema, de acordo com as especificações de desempenho do sistema, ou seja, um sistema está disponível se prestar serviços de acordo com a conceção do sistema sempre que os utilizadores os solicitem. Uma variedade de ataques pode resultar na perda ou redução da disponibilidade. Alguns destes ataques são passíveis de contramedidas automatizadas, como a autenticação e a encriptação, enquanto outros exigem algum tipo de ação física para evitar ou recuperar da perda de disponibilidade de elementos do sistema distribuído.

O X.800 trata a disponibilidade como uma propriedade a ser associada a vários serviços de segurança. Um serviço de disponibilidade é aquele que protege um sistema para garantir a sua disponibilidade. Este serviço responde às preocupações de segurança suscitadas pelos ataques de negação de serviço. Depende da gestão e do controlo adequados dos recursos do sistema, pelo que depende do serviço de controlo de acesso e de outros serviços de segurança.

2.5 Modelo de segurança da rede

Um modelo para muito do que iremos discutir é capturado, em termos muito gerais, em. Uma mensagem deve ser transferida de uma parte para outra através de algum tipo de serviço da Internet. As duas partes, que são os mandantes nesta transação, têm de cooperar para que a troca se realize. É estabelecido um canal de informação lógico através da definição de uma rota através da Internet desde a origem até ao destino e da utilização cooperativa de protocolos de comunicação (por exemplo, TCP/IP) pelos dois mandantes. Os aspectos de segurança entram em jogo quando é necessário ou desejável proteger a transmissão de informações de um adversário que possa representar uma ameaça à confidencialidade, autenticidade, etc. Todas as técnicas para garantir a segurança têm dois componentes. Uma transformação relacionada com a segurança da informação a enviar. Os exemplos incluem a encriptação da mensagem, que a codifica de modo a torná-la ilegível para o adversário, e a adição de um código baseado no conteúdo da mensagem, que pode ser utilizado para verificar a identidade do remetente.

- ❖ **Texto simples:** É a mensagem ou os dados originais inteligíveis que são introduzidos no algoritmo como entrada.

- ❖ **Algoritmo de encriptação:** O Algoritmo de Encriptação efectua várias substituições e transformações no Texto Simples. Com a mensagem X e a chave de encriptação K como entrada, o algoritmo de encriptação forma o texto cifrado $Y = [Y1, Y2, , YN]$.

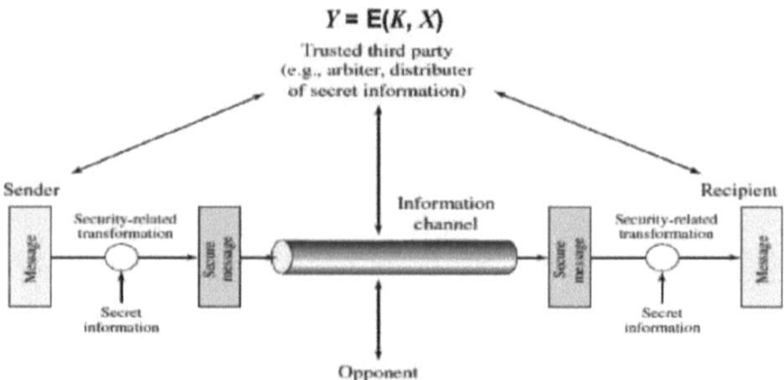

Figura 2.7: Um modelo para a segurança da rede

❖ **Algoritmo de desencriptação:** Este é essencialmente o algoritmo de encriptação executado ao contrário. Pega no texto cifrado e na chave secreta e produz o texto simples original. Com a mensagem Y e a chave de decifração K como entrada, o algoritmo de decifração forma o texto cifrado $X = [X1, X2....XN]$.

$$X = D(K, Y)$$

❖ **Chave secreta:** A chave secreta é também a entrada para o Algoritmo de Encriptação. A chave é um valor independente do Texto Simples e do Algoritmo. O Algoritmo produzirá um resultado diferente dependendo da chave específica que estiver a ser utilizada no momento. As substituições e transformações exactas realizadas pelo Algoritmo dependem da chave.

❖ **Texto cifrado:** Esta é a mensagem codificada produzida como saída. Depende do texto simples e da chave secreta. Para uma dada mensagem, duas chaves diferentes produzirão dois textos cifrados diferentes. O texto cifrado é um fluxo de dados aparentemente aleatório e, tal como está, é ininteligível.

❖ **Criptanálise:** Os ataques criptoanalíticos baseiam-se na natureza do algoritmo e, talvez, em algum conhecimento das caraterísticas gerais do texto simples ou mesmo em alguns exemplos de pares de texto simples e texto cifrado. Este tipo de ataque explora as caraterísticas do Algoritmo para tentar deduzir um Texto Simples específico ou deduzir a chave que está a ser utilizada.

Alguma informação secreta partilhada pelos dois mandantes e, espera-se, desconhecida do oponente. Um exemplo é uma chave de encriptação utilizada em conjunto com a transformação para baralhar a mensagem antes da transmissão e desembaralhá-la na receção. Pode ser necessário um terceiro de confiança para conseguir uma transmissão segura. Por exemplo, um terceiro pode ser responsável pela distribuição da informação secreta aos dois mandantes, mantendo-a ao abrigo de qualquer adversário. Ou pode ser necessário um terceiro para arbitrar litígios entre os dois mandantes relativamente à autenticidade da transmissão de uma mensagem.

Este modelo geral mostra que existem quatro tarefas básicas na conceção de um determinado serviço de segurança:

❖ Conceber um algoritmo para efetuar a transformação relacionada com a segurança.

❖ O algoritmo deve ser tal que um oponente não possa derrotar o seu objetivo.

❖ Gerar a informação secreta a utilizar com o Algoritmo.

❖ Desenvolver métodos para a distribuição e partilha das informações secretas.

❖ Especificar um protocolo a utilizar pelos dois mandantes que utiliza o algoritmo de segurança e as informações secretas para obter um determinado serviço de segurança.

Um modelo geral destas outras situações é aquele que reflecte a preocupação de proteger um sistema de informação de acessos indesejados. A maioria dos leitores está familiarizada com as preocupações causadas pela existência de hackers, que tentam penetrar em sistemas que podem ser acedidos através de uma rede. O hacker pode ser alguém que, sem qualquer intenção maligna, se satisfaz simplesmente com a invasão de um sistema informático. O intruso pode ser um funcionário descontente que deseja causar danos ou um criminoso que procura explorar os bens informáticos para obter ganhos financeiros.

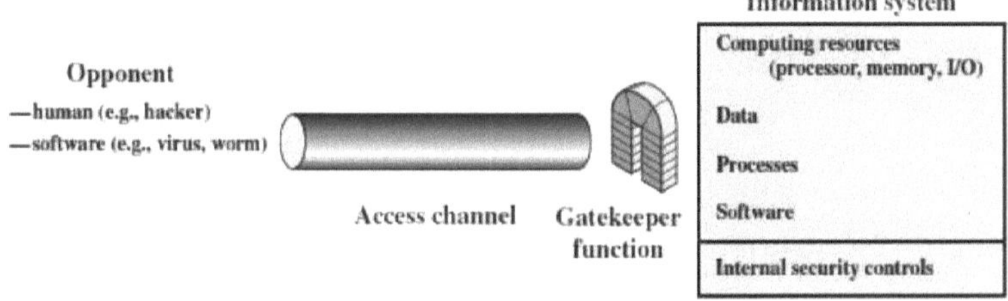

Figura 2.8: Modelo de acesso à rede

Outro tipo de acesso indesejado é a colocação num sistema informático de lógica que explora vulnerabilidades no sistema e que pode afetar programas de aplicação, bem como programas utilitários, como editores e compiladores.
Os programas podem apresentar dois tipos de ameaças:

Ameaças ao acesso à informação: Intercetar ou modificar dados em nome de utilizadores que não deveriam ter acesso a esses dados.

Ameaças de serviço Explorar falhas de serviço em computadores para inibir a utilização por utilizadores legítimos. Os vírus e os worms são dois exemplos de ataques de software. Estes ataques podem ser introduzidos num sistema através de um disco que contém a lógica indesejada escondida num software que, de outro modo, seria útil. Também podem ser introduzidos num sistema através da rede; este último mecanismo é mais preocupante na segurança da rede. Os mecanismos de segurança necessários para fazer face ao acesso indesejado dividem-se em duas grandes categorias: a primeira categoria pode ser designada por função de guardião (gatekeeper). Inclui procedimentos de login baseados em senha que são projetados para negar acesso a todos, exceto usuários autorizados e lógica de triagem que é projetada para detetar e rejeitar worms, vírus e outros ataques semelhantes. Quando um utilizador indesejado ou um software indesejado obtém acesso, a segunda linha de definição consiste numa variedade de controlos internos que monitorizam a atividade e analisam a informação armazenada, numa tentativa de detetar a presença de intrusos indesejados. Os sistemas criptográficos são caracterizados ao longo de três dimensões independentes:

- ❖ **O tipo de operações utilizadas para transformar texto simples em texto cifrado.** Todos os algoritmos de encriptação baseiam-se em dois princípios gerais: a substituição, em que cada elemento do bit, letra, grupo de bits ou letras do texto simples é transformado noutro elemento, e a transposição, em que os elementos do texto simples são reorganizados. O requisito fundamental é que nenhuma informação seja perdida, ou seja, que todas as operações sejam reversíveis. A maioria dos sistemas, designados por sistemas de produtos, envolve várias fases de substituições e transposições.
- ❖ **O número de chaves utilizadas.** Se o emissor e o recetor utilizarem a mesma chave, o sistema é designado por Encriptação simétrica, de chave única, de chave secreta ou convencional. Se o emissor e o recetor utilizarem chaves diferentes, o sistema é designado por Encriptação assimétrica, de duas chaves ou de chave pública.
- ❖ **A forma como o texto simples é processado.** Uma cifra de bloco processa a entrada de um bloco de elementos de cada vez, produzindo um bloco de saída para cada bloco de entrada. Uma cifra de fluxo processa os elementos de entrada continuamente, produzindo um elemento de saída de cada vez, à medida que avança.

2.6 Criptografia de chave assimétrica

Esta criptografia de chave assimétrica é também conhecida como encriptação de chave pública. A encriptação assimétrica é uma forma de criptossistema em que a encriptação e a desencriptação são efectuadas utilizando chaves diferentes, uma chave pública e uma chave privada.

A encriptação assimétrica transforma texto simples em texto cifrado utilizando uma de duas chaves e um algoritmo de encriptação. Utilizando a chave emparelhada e um algoritmo de desencriptação, o texto simples é recuperado a partir do texto cifrado.

Os algoritmos de chave assimétrica são uma classe de algoritmos de criptografia que utilizam as mesmas chaves criptográficas tanto para a encriptação do texto simples como para a desencriptação do texto cifrado. As chaves podem ser idênticas ou pode haver uma transformação simples entre as duas chaves. As chaves, na prática, representam um segredo partilhado entre duas ou mais partes que pode ser utilizado para manter uma ligação de informação privada. Este requisito de que ambas as partes tenham acesso à chave secreta é uma das principais desvantagens da Encriptação de chave simétrica, em comparação com a Encriptação de chave pública.

A criptografia de chave assimétrica refere-se a métodos de encriptação em que tanto o emissor como o recetor partilham a mesma chave ou, menos frequentemente, em que as suas chaves são diferentes, mas estão relacionadas de uma forma facilmente computável.

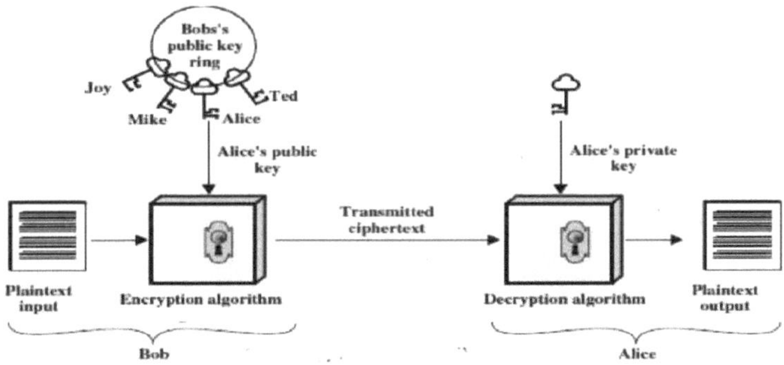

Figura 2.9: Encriptação com chave pública

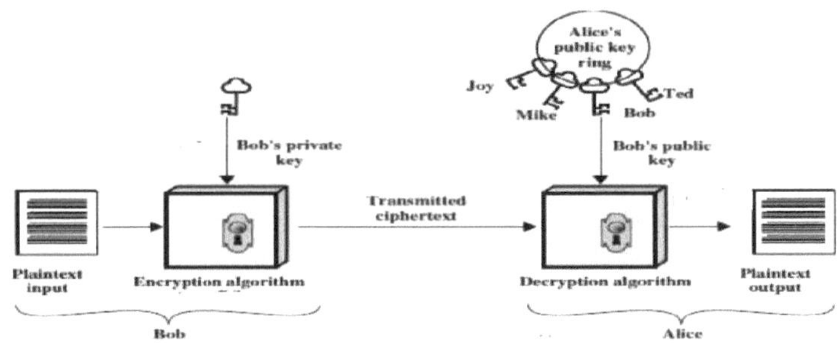

Figura 2.10: Encriptação com chave privada

O estudo moderno das cifras de chave assimétrica diz respeito principalmente ao estudo das "cifras de bloco" e das "cifras de fluxo" e às suas aplicações. Uma cifra de bloco é, de certa forma, uma encarnação moderna da cifra poli-alfabética de Alberta: as cifras de bloco recebem como entrada um bloco de texto simples e uma chave, e produzem um bloco de texto cifrado do mesmo tamanho. Uma vez que as mensagens são quase sempre mais longas do que um único bloco, é necessário um método para juntar blocos sucessivos. Foram desenvolvidos vários métodos, alguns com melhor segurança num ou noutro aspeto do que outros. Estes métodos são a operação e devem ser cuidadosamente considerados quando se utiliza uma cifra de bloco num criptossistema.

O Data DES e o Advanced Encryption Standard são desenhos de cifras de bloco que foram designados como normas de criptografia pelo governo dos EUA, embora a designação do DES tenha sido finalmente retirada após a adoção do AES. Apesar de ter sido retirado como norma oficial, o DES, especialmente a sua variante triple-DES, ainda aprovada e muito mais segura, continua a ser bastante popular; é utilizado numa vasta gama de aplicações, desde a encriptação ATM à privacidade do correio eletrónico e ao acesso remoto seguro. Muitas outras cifras de bloco foram concebidas e lançadas, com variações consideráveis de qualidade.

2.7 Criptografia de chave simétrica

A encriptação simétrica é uma forma de criptossistema em que a encriptação e a desencriptação são efectuadas utilizando a mesma chave. É também conhecida como Encriptação convencional. A Encriptação Simétrica transforma texto simples em texto cifrado utilizando uma chave secreta e um Algoritmo de Encriptação. Utilizando a mesma chave e um algoritmo de desencriptação, o texto simples é recuperado a partir do texto cifrado.

Os criptossistemas de chave simétrica utilizam a mesma chave para a encriptação e desencriptação de uma mensagem, embora uma mensagem ou grupo de mensagens possa ter uma chave diferente das outras. Uma desvantagem significativa das cifras simétricas é a gestão de chaves necessária para as utilizar de forma segura. Cada par distinto de partes comunicantes deve, idealmente, partilhar uma chave diferente, e talvez também cada texto cifrado trocado. O número de chaves necessárias aumenta com o quadrado do número de membros da rede, o que rapidamente exige esquemas complexos de gestão de chaves para as manter todas corretas e secretas. A dificuldade de estabelecer de forma segura uma chave secreta entre duas partes comunicantes, quando não existe já um canal seguro entre elas.

A criptografia de chave pública refere-se a um sistema criptográfico que requer duas chaves separadas, uma das quais é secreta e a outra é pública. Embora diferentes, as duas partes do par de chaves estão matematicamente ligadas. Uma chave bloqueia ou encripta o texto simples e a outra desbloqueia ou desencripta o texto cifrado. Nenhuma das chaves pode desempenhar ambas as funções por si só. A chave pública pode ser publicada sem comprometer a segurança, enquanto a chave privada não deve ser revelada a ninguém que não esteja autorizado a ler as mensagens.

A criptografia de chave pública utiliza algoritmos de chave assimétrica e também pode ser designada pelo termo mais genérico "criptografia de chave assimétrica". Os algoritmos utilizados na criptografia de chave pública baseiam-se em relações matemáticas, sendo as mais notáveis os problemas de factorização de números inteiros e de logaritmos discretos que, presumivelmente, não têm uma solução eficiente. Embora seja computacionalmente fácil para o destinatário pretendido gerar as chaves pública e privada, desencriptar a mensagem utilizando a chave privada, e fácil para o remetente encriptar a mensagem utilizando a chave pública, é extremamente difícil ou efetivamente impossível para qualquer pessoa derivar a chave privada, com base apenas no seu conhecimento da chave pública. É por esta razão que, ao contrário dos algoritmos de chave simétrica, um algoritmo de chave pública não requer uma troca inicial segura de uma (ou mais) chaves secretas entre o emissor e o recetor. A utilização destes algoritmos também permite verificar a autenticidade de uma mensagem através da criação de uma assinatura digital da mensagem utilizando a chave privada, que pode depois ser verificada utilizando a chave pública. Na prática, apenas um hash da mensagem é normalmente encriptado para efeitos de verificação da assinatura.

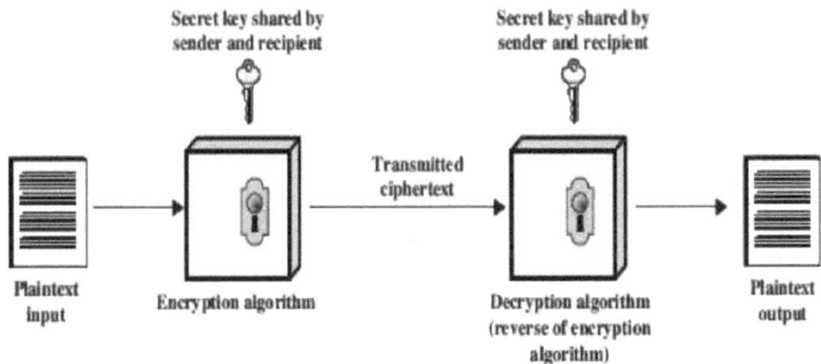

Figura 2.11: Diagrama de blocos da criptografia simétrica

A técnica distintiva utilizada na criptografia de chave pública é a utilização de algoritmos de chave assimétrica, em que a chave utilizada para encriptar uma mensagem não é a mesma que a utilizada para a desencriptar. Cada utilizador possui um par de chaves criptográficas: uma chave pública de encriptação e uma chave privada de desencriptação. A chave de encriptação pública é amplamente distribuída, enquanto a chave de desencriptação privada é conhecida apenas pelo seu proprietário. As chaves estão relacionadas matematicamente, mas os parâmetros são escolhidos de modo a que o cálculo da chave privada a partir da chave pública seja impossível ou proibitivamente dispendioso.

Em contrapartida, os algoritmos de chave simétrica, cujas variações são utilizadas há milhares de anos, utilizam uma única chave secreta, que deve ser partilhada e mantida privada pelo emissor e pelo recetor, tanto para a encriptação como para a desencriptação. Para utilizar um esquema de encriptação simétrico, o remetente e o destinatário devem partilhar previamente uma chave de forma segura.

Uma vez que os algoritmos de chave simétrica são quase sempre muito menos intensivos do ponto de vista computacional do que os assimétricos, é comum trocar uma chave utilizando um algoritmo de troca de chaves e, em seguida, transmitir dados utilizando essa chave e um algoritmo de chave simétrica.

2.8 Esteganografia

Uma mensagem de texto simples pode ser escondida de duas formas. Os métodos de esteganografia ocultam a existência da mensagem, enquanto os métodos de criptografia tornam a mensagem ininteligível para os estranhos através de várias transformações. Uma forma simples de esteganografia, mas que consome muito tempo a construir, é aquela em que um arranjo de palavras ou letras num texto aparentemente inócuo revela a verdadeira mensagem. Várias outras técnicas têm sido usadas historicamente; alguns exemplos são os seguintes

Marcação de caracteres: As letras selecionadas de um texto impresso ou dactilografado são escritas a lápis. As marcas não são normalmente visíveis a não ser que o papel seja colocado num ângulo que o exponha a uma luz intensa.

Tinta invisível: Várias substâncias podem ser utilizadas para escrever, mas não deixam vestígios visíveis até que seja aplicado calor ou algum produto químico no papel.

Perfurações por alfinetes: As pequenas perfurações em letras selecionadas não são normalmente visíveis, a menos que o papel seja colocado em frente de uma luz.

Fita de correção para máquinas de escrever: Utilizada entre as linhas dactilografadas com uma fita preta, os resultados da dactilografia com a fita de correção só são visíveis sob uma luz forte.

A esteganografia tem alguns inconvenientes quando comparada com a encriptação. Requer uma grande sobrecarga para esconder relativamente poucos bits de informação, embora a utilização de um esquema como o proposto no parágrafo anterior possa torná-lo mais eficaz. Além disso, quando o sistema é descoberto, torna-se praticamente inútil. Este problema também pode ser ultrapassado se o método de inserção depender de algum tipo de chave. Em alternativa, uma mensagem pode ser primeiro encriptada e depois escondida utilizando a esteganografia. A vantagem da esteganografia é o facto de poder ser utilizada por pessoas que têm algo a perder se

o facto de a sua comunicação ser secreta e não necessariamente o seu conteúdo ser descoberto. A encriptação assinala o tráfego como importante ou secreto ou pode identificar o emissor ou o recetor como alguém que tem algo a esconder.

Para avaliar eficazmente as necessidades de segurança de uma organização e para avaliar e escolher vários produtos e políticas de segurança, o gestor responsável pela segurança precisa de uma forma sistemática de definir os requisitos de segurança e caraterizar as abordagens para satisfazer esses requisitos. Isto já é suficientemente difícil num ambiente de processamento de dados centralizado; com a utilização de redes locais e de área alargada, os problemas agravam-se.

3. TROCA DE CHAVES DIFFIE HELLMAN ALGORITMO

3.1 Introdução

A troca de chaves Diffie-Hellman é um método específico de troca de chaves criptográficas. É um dos primeiros exemplos práticos de troca de chaves implementados no domínio da criptografia. O método de troca de chaves Diffie-Hellman permite que duas partes que não têm conhecimento prévio uma da outra estabeleçam conjuntamente uma chave secreta partilhada através de um canal de comunicações inseguro. Esta chave pode então ser utilizada para encriptar comunicações subsequentes utilizando uma cifra de chave simétrica

Algoritmo DH mais utilizado na criptografia de chave pública O protocolo utiliza o grupo multiplicativo de números inteiros módulo p, em que p é um número primo. Isto significa simplesmente que os números inteiros entre 1 e $p-1$ são utilizados com a multiplicação, exponenciação e divisão normais, exceto que, após cada operação, o resultado mantém apenas o resto após a divisão por p.

O algoritmo Diffie Hellman não serve para encriptação ou desencriptação, mas permite que duas partes envolvidas na comunicação gerem uma chave secreta partilhada para trocar informações de forma confidencial.

3.2 Etapas do algoritmo DH

* Sejam p &g os dois números primos como chave pública.
* Alice escolhe um número aleatório grande x, tal que $0<x<p$ e calcula $R_i = g^x \bmod p$.
* Bob escolhe outro número aleatório grande y, tal que $0<y<p$ e calcula $R_2 = g^y \bmod p$.
* Alice envia R_1 a Bob.
* Bob envia R_2 a Alice.
* Alice calcula $K_{Alice} = (R)_2^x \bmod p$.
* Bob calcula $K_{Bob} = (R)_1^y \bmod p$.

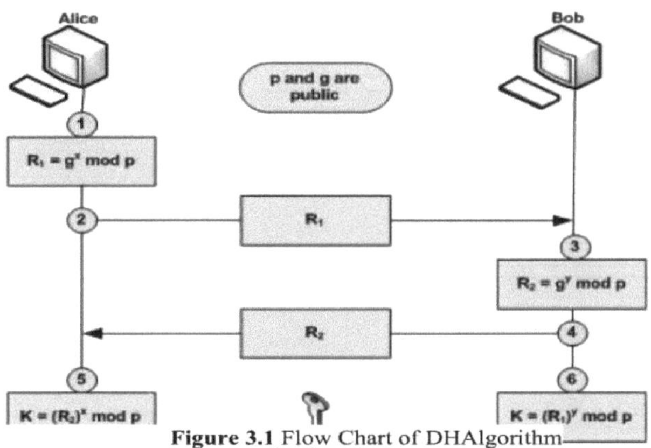

Figure 3.1 Flow Chart of DHAlgorithm

Figura 3.1: Fluxograma do Algoritmo DH

$$\text{Alice key } K_{\text{Alice}} = (R_2)^x \bmod p \quad\dots\dots\dots\dots\dots \text{(3.1)}$$

$$= (g^y \bmod p)^x \bmod p \quad\dots\dots\dots \text{(3.2)}$$

$$= g^{xy} \bmod p \quad\dots\dots\dots\dots \text{(3.3)}$$

By using the properties of modular theory

$$\text{Bobs key } K_{\text{Bob}} = (R_1)^y \bmod p \quad\dots\dots\dots\dots \text{(3.4)}$$

$$= (g^x \bmod p)^y \bmod p \quad\dots\dots\dots \text{(3.5)}$$

$$= g^{xy} \bmod p \quad\dots\dots\dots\dots \text{(3.6)}$$

Finally $K_{\text{Alice}} = K_{\text{Bob}} = g^{xy} \bmod p$.

Finalmente, as chaves da Alice e do Bob são iguais

3.3 Exemplo de Algoritmo DH

❖ Alice e Bob concordam em utilizar um número primo $p = 23$ e uma base $g = 5$.

❖ Alice escolhe um número inteiro secreto $x = 6$, depois envia a Bob $R1 = g^x \bmod p$

- $R1 = 5^6 \bmod 23$
- $R1 = 15{,}625 \bmod 23$
- $R1 = 8$

❖ O Bob escolhe um número inteiro secreto $y = 15$, depois envia à Alice $R2 = g^y \bmod p$

- $R2 = 5^{15} \bmod 23$
- $R2 = 30.517.578.125 \bmod 23$
- $R2 = 19$

❖ Alice calcula $Ka = R1^x \bmod p$

- $Ka = 8^{19} \bmod 23$
- $Ka = 47.045.881 \bmod 23$
- $Ka = 2$

❖ Bob calcula $Kb = R2^y \bmod p$

- $Kb = 8^{15} \bmod 23$
- $Kb = 35.184.372.088.832 \bmod 23$
- $Kb = 2$

Alice e Bob partilham agora um segredo (o número 2) porque 6×15 é o mesmo que $15^x 6$.

3.4 Vantagens do algoritmo DH

O acordo de chaves do algoritmo DH não se limita à negociação de uma chave partilhada apenas por dois participantes. Qualquer número de utilizadores pode participar num acordo, realizando iterações do protocolo de acordo e trocando dados intermédios que não precisam de ser mantidos em segredo. Por exemplo, a Alice, o Bob e a Carol podem participar num acordo Diffie Hellman da seguinte forma, com todas as operações consideradas como sendo o módulo p

- ❖ As partes chegam a acordo sobre os parâmetros p e g do algoritmo
- ❖ As partes geram as suas chaves privadas, designadas por x, y e z
- ❖ Alice calcula g^x e envia-o a Bob.
- ❖ O Bob calcula $(g^{x)\,y} = g^{x\,y}$ e envia-o à Carol.
- ❖ Carol calcula $(g\,)^{xyz} = g^{xyz}$ e utiliza-o como segredo.
- ❖ O Bob calcula g^y e envia-o à Carol.
- ❖ Carol calcula $(g\,)^{yz} = g^{y\,z}$ e envia-o a Alice.
- ❖ Alice calcula $(g\,)^{yzx} = g^{yzx} = g^{xyz}$ e utiliza-o como segredo.
- ❖ Carol calcula g^z e envia-o para Alice.
- ❖ Alice calcula $(g\,)^{zx} = g^{zx}$ e envia-o ao Bob.
- ❖ Bob calcula $(g^{zx}\,)y = g^{zxy} = g^{xyz}$ e utiliza-o como segredo.

Um espião conseguiu ver g^x , g^y , g^z , $g^{x\,y}$, $g^{z\,x}$, e $g^{y\,z}$ mas não pode utilizar qualquer combinação destes para reproduzir g^{xyz}

3.5 Desvantagens:

O algoritmo DH é suscetível a dois tipos de ataques.

- ❖ Ataque logarítmico discreto.
- ❖ Ataque do homem do meio

Portanto, isto mostra que a troca de chaves foi feita corretamente. Mas o algoritmo Diffie Hellman é suscetível de dois ataques: o ataque de logaritmo discreto e o ataque man-in-the-middle.

3.5.1 Ataque de logaritmo discreto

Um intercetor (Eve) pode intercetar R1 e R2, encontrando x a partir de ($R1 = g^x$ mod p), encontrando y a partir de ($R2 = g^y$ mod p); depois pode calcular ($K = g^{xy}$ mod p). A chave secreta já não é secreta.

Para tornar o Diffie Hellman seguro contra o ataque de logaritmo discreto, recomenda-se o seguinte

- ❖ O número primo p deve ser muito grande, ou seja, ter mais de 300 dígitos. O gerador g deve ser escolhido entre os números primos.
- ❖ Os números x e y devem ser números aleatórios de grande dimensão, com pelo menos 100 dígitos, utilizados apenas uma vez e destruídos depois de utilizados.

3.5.2 Ataque Man-in-the-middle

O algoritmo Diffie Hellman é vulnerável ao ataque man-in-the middle, no qual o atacante pode ler e modificar todas as mensagens entre Alice e Bob. Como g não é secreto, o atacante pode facilmente criar a sua própria potência de g e enviá-la a Bob. Quando Bob responde, o atacante intercepta a mensagem e partilha a sua chave com Bob. Eva, os interceptores podem criar duas chaves; uma entre ela e Alice, e outra entre ela e Bob. A Figura 3 mostra o ataque man-in-the middle. O ataque pode ser efectuado da seguinte forma:

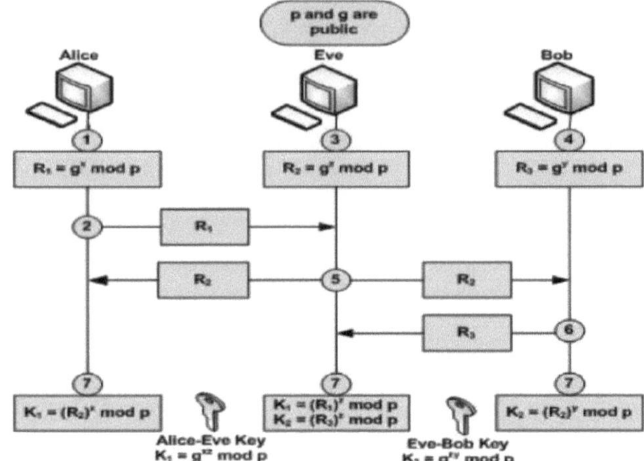

Figura 3.2: Diagrama de fluxo do ataque Man in the middle

Passos presentes Ataque do homem do meio

❖ Alice escolhe x e calcula $R1 = g^x$ mod p e envia R1 ao Bob.

❖ Eve, a intrusa, intercepta R1, escolhe z, calcula $R2 = g^z$ mod p, envia R2 para Alice e Bob.

❖ Bob escolhe y e calcula $R3 = g^y$ mod p e envia R3 para Alice. R3 é intercetado por Eve e nunca chega a Alice.

❖ Alice e Eva calculam $K1 = g^{xz}$ mod p, que se torna a chave partilhada entre elas.

❖ Eve e Bob calculam $K2 = g^{zy}$ mod p, que se torna a chave partilhada entre eles.

No entanto, o ataque man-in-the-middle pode ser evitado através de um acordo de chave estação a estação, utilizando a assinatura digital com certificados de chave pública para estabelecer uma chave de sessão entre Alice e Bob. Assim, para ultrapassar estes ataques, estamos a implementar o algoritmo DH para prova de conhecimento zero.

3.6 Aplicação do algoritmo DH

O protocolo Diffie Hellman foi aplicado a muitos protocolos de segurança, incluindo o Security Sockets Layer, o Secure Shell e o IP Sec, a infraestrutura de chaves públicas.

3.6.1 Camada de Sockets Seguros

O SSL é a tecnologia de segurança padrão desenvolvida pela Netscape em 1994 para estabelecer uma ligação encriptada entre um servidor Web e um browser. Esta ligação assegura a privacidade e a integridade de todos os dados transmitidos entre o servidor Web e os navegadores. O SSL é utilizado por milhões de sítios Web na proteção das suas transacções em linha com os seus clientes. O SSL tem tudo a ver com encriptação. O SSL utiliza certificados, pares de troca de chaves privadas/públicas e acordos de chaves Diffie Hellman para proporcionar privacidade, troca de chaves, autenticação e integridade com Message Authentication Code . Esta informação é conhecida como um conjunto de cifras e existe numa infraestrutura de chave pública. O SSL é útil para o tráfego comercial/financeiro, por exemplo, transacções com cartões de crédito. O SSL garante a confidencialidade, impede a escuta, a autenticidade do remetente e a integridade da mensagem que não foi alterada durante o trajeto. É possível que um utilizador não saiba que o SSL é utilizado no decurso da comunicação, mas é provável que note alguns bloqueios.

O SSL/TLS é composto por duas camadas: a camada inferior, designada por protocolo de registo, baseia-se no TCP e gere a criptografia privada simétrica para que a comunicação seja privada e fiável. A camada superior é designada por protocolo de aperto de mão e é nesta camada que o DH é utilizado. O aperto de mão permite que o servidor se autentique perante o cliente utilizando técnicas de chave pública, também designadas por encriptação assimétrica. Permite também que o cliente e o servidor cooperem na criação de chaves simétricas, que são utilizadas para a encriptação e desencriptação rápidas. Isto implica que, enquanto a comunicação está em curso, o cliente e o servidor trocam mensagens de aperto de mão não encriptadas que incluem "olá" e, em seguida, informações sobre as opções de encriptação, troca de chaves e compressão que cada um aceita e prefere.

Durante o aperto de mão SSL, cada computador gera um conjunto de códigos para encriptar a informação. A partir destes códigos, cada Computador cria duas chaves, uma privada e uma pública. O seu computador mantém a chave privada em segredo, mas envia a chave pública para o outro computador, que a utiliza para codificar as mensagens subsequentes, de modo a que apenas o seu computador as possa ler. A chave pública não pode, no entanto, ser utilizada para descodificar a mensagem; a descodificação só pode ser feita utilizando a chave privada. Estas chaves permitem-lhe a si e ao outro Computador bloquear e desbloquear informação de modo a que apenas o detentor da chave privada possa ler as mensagens encriptadas pela chave pública. Uma vez que só o utilizador e o outro computador têm uma cópia das respectivas chaves privadas, não há forma de outra pessoa intercetar e descodificar as suas mensagens. No SSL, o processo de troca de chaves utiliza o algoritmo DH, que é assimétrico, ou seja, a criptografia de chave pública, para garantir a cada parte que a outra é quem diz ser. Após esta troca, as chaves são calculadas e as partes começam a encriptar todo o tráfego entre elas, utilizando as chaves calculadas e os métodos acordados.

3.6.2 Shell seguro

O SSH é um protocolo de segurança de rede muito comum para o início de sessão remoto seguro na Internet. A shell segura veio substituir o Telnet não seguro na rede e o Protocolo de Transferência de Ficheiros no sistema, principalmente porque tanto o Telnet como o FTP não encriptam os dados, enviando-os em texto simples. O protocolo de troca de chaves em si é um componente do SSH como um todo, particularmente responsável pelas partes que concordam com as chaves usadas pelas várias primitivas mais tarde no protocolo SSH. Esta é a primeira fase do algoritmo SSH e ocorre antes do estabelecimento das chaves de sessão. O protocolo prossegue em três fases. A primeira delas é a fase "Hello", onde é feita a primeira identificação. Uma lista de Algoritmos suportados é envolvida aqui após a primeira mensagem "Hi", e esta lista detalha os grupos de chaves Diffie Hellman suportados, entre outras coisas. Na segunda fase, as duas partes acordam uma chave secreta partilhada x, o que é feito através de uma implementação de uma troca Diffie Hellman. Na fase final, a chave secreta partilhada, o identificador de sessão e o resumo são utilizados para gerar as chaves de aplicação. Atualmente, o método "diffie-hellman-group1-sha1" é praticado na troca de chaves, prescrevendo um grupo fixo sobre o qual todas as operações são realizadas. A troca de chaves é então assinada com a chave do anfitrião para fornecer autenticação do anfitrião.

3.6.3 Segurança IP

A segurança IP é uma extensão do Protocolo Internet . É um conjunto de protocolos introduzido pela Internet Engineering Task Force para ajudar a configurar um canal de comunicações entre várias máquinas. Operando na camada IP do modelo de sete camadas, ele faz seu trabalho autenticando e criptografando pacotes IP Como os protocolos anteriores, o IP sec usa DH e criptografia assimétrica para estabelecer identidades, algoritmos preferidos e um segredo compartilhado. Antes de o IP sec poder começar a encriptar o fluxo de dados, é necessária alguma troca de informação preliminar. Isto é efectuado com o protocolo de troca de chaves da Internet. O IKE utiliza o DH para produzir um segredo partilhado através dos mecanismos habituais e, em seguida, autenticar-se mutuamente; depois disso, a chave secreta é utilizada para efeitos de encriptação. Esta chave secreta partilhada nunca é trocada através de um canal inseguro.

3.6.4 Infraestrutura de chave pública

A Infraestrutura de chave pública refere-se a um sistema de protocolos e serviços que suportam a Criptografia de chave pública, um termo geral para a Encriptação assimétrica. Na criptografia de chave pública, é utilizado um par de chaves matematicamente correspondentes em vez de uma única chave, como na criptografia simétrica. Primeiro, uma das chaves do par é utilizada para encriptar os dados e, em seguida, a outra chave do par é utilizada para desencriptar o texto cifrado. Uma das chaves é publicada publicamente, enquanto a outra é mantida em segredo. A criptografia de chave pública pode ser utilizada para dois fins complementares. Se eu encriptar uma mensagem com a chave pública de outra pessoa, só essa pessoa a pode decifrar porque só essa pessoa conhece a sua chave privada. Isto proporciona confidencialidade e é a utilização mais conhecida da criptografia de chave pública. Em alternativa, se eu encriptar uma mensagem ou hash de uma mensagem com a minha chave privada, qualquer pessoa pode desencriptá-la com a minha chave pública, mas todos sabem que eu sou a única pessoa que poderia ter produzido essa mensagem, porque sou a única pessoa que conhece a minha chave privada. Chama-se a isto uma assinatura digital e garante a autenticidade, o não repúdio e, com o hash da mensagem, como é mais comum, a integridade. Utilizados em combinação, estes dois aspectos da criptografia de chave pública são muito poderosos.

Um problema significativo da criptografia de chave pública é garantir que se tem a chave pública correta da outra pessoa. Ou seja, antes da criptografia, tinha de se preocupar com a possibilidade de alguém intercetar ou alterar a sua mensagem; com a criptografia, trocou esse problema pela preocupação com a possibilidade de alguém intercetar ou alterar a sua chave pública. Este problema é resolvido com um sistema hierárquico de Autoridades de Certificação. Uma AC produzirá um certificado digital que contém a identificação e a chave pública de uma pessoa. Para garantir que a chave pública é válida, o certificado é assinado com a chave privada da CA. Para garantir que o próprio certificado é válido, o certificado também contém uma assinatura digital da AC de nível superior seguinte na hierarquia. Assim, duas partes podem trocar dados encriptados obtendo a chave pública e o certificado da outra parte a partir da PKI. De importância fundamental neste processo é que a chave pública não é alterada de forma alguma em trânsito, pelo que é feito um hash encriptado do certificado, em que a chave de encriptação é derivada de uma troca de DH. Embora vários autores tenham definições diferentes para "PKI", trata-se essencialmente de um sistema de suporte das chaves públicas utilizadas na criptografia de chave pública.

A PKI é utilizada na prática, ou destina-se a ser utilizada, de várias formas. A tecnologia SSL, ao autenticar ambas as partes, depende da possibilidade de aceder a uma PKI. O envio de correio eletrónico encriptado utilizando extensões de correio eletrónico multiusos depende da possibilidade de o software de correio contactar uma PKI para obter chaves públicas. Tanto o remetente como o destinatário precisam deste acesso - o remetente precisa de conhecer a chave pública do destinatário e vice-versa. No entanto, como tecnologia para a Internet no seu conjunto, a PKI não está pronta para uma implantação generalizada devido à diversidade de "normas" específicas dos fornecedores. As empresas individuais podem efetivamente implementar internamente uma PKI de um fornecedor; no entanto, podem esperar dificuldades na troca de certificados com sistemas PKI de outros fornecedores. Os organismos de normalização estão a trabalhar no sentido de criar uma norma comum. Algumas das organizações envolvidas são o National Institute for Standards and Technology, os grupos de trabalho de PKI da IETF e o The Open Group. Uma referência útil para a PKI e outras questões de segurança encontra-se no sítio Web "Secure Electronic Marketplace for Europe, Security and Cryptography".

4. FLUXO DE CONCEPÇÃO E IMPLEMENTAÇÃO

A prova de conhecimento zero proposta baseia-se no algoritmo de troca de chaves DH, no sentido em que ambas as partes, o provador e o verificador, trocam informações não secretas e não revelam segredos para obter uma chave secreta idêntica. Isto significa que o provador pode provar ao verificador que conhece o segredo. O algoritmo proposto foi desenvolvido em duas fases; na primeira fase, desenvolvemos uma primeira versão baseada no algoritmo básico de troca de chaves DH, que é vulnerável a ataques do tipo "man-in-the-middle". A segunda versão foi desenvolvida para resistir ao ataque man-in-the-middle.

- ❖ Proposta de versão 1 da ZKP

- ❖ Proposta de versão 2 da ZKP

4.1 Definição de prova de conhecimento zero

Uma prova de conhecimento zero é um método interativo que permite a uma parte provar a outra que uma afirmação geralmente matemática é verdadeira, sem revelar nada para além da veracidade da afirmação. A prova de conhecimento zero desempenha um papel importante na autenticação sem revelar informações secretas. O protocolo proposto foi concebido para satisfazer as propriedades da prova de conhecimento zero e resistir aos ataques conhecidos.

As ferramentas ISE da Xilinx são mencionadas abaixo:

Quadro 4.1: Lista das ferramentas utilizadas

Design action	Tool name
Design Entry	Verilog HDL
Synthesis	Xilinx Synthesis Tool(XST)
Simulation	ISE Simulator
Implementation	FPGA Editor, Plan Ahead Impact
FPGA Board	XC3s 500e fg320

A conceção da Prova de Conhecimento Zero consiste basicamente em dois módulos Módulo de potência e Módulo de divisão

4.2 Módulo de potência

No módulo de potência, as entradas e saídas básicas são a base, a potência e a saída. Com base na potência, para cada subida na borda do relógio, a potência será incrementada de acordo com os nossos requisitos até que a nossa contagem seja satisfeita.

Entradas :

❖ a(31:0) - é designado por base

❖ n(31:0) - é chamado de potência, ou seja, o número de vezes que a base é multiplicada por si mesma.

❖ Clk - é o relógio do módulo

O utputput :

❖ b(31:0)- o resultado da operação $[a(31:0)]^{n(31:0)}$

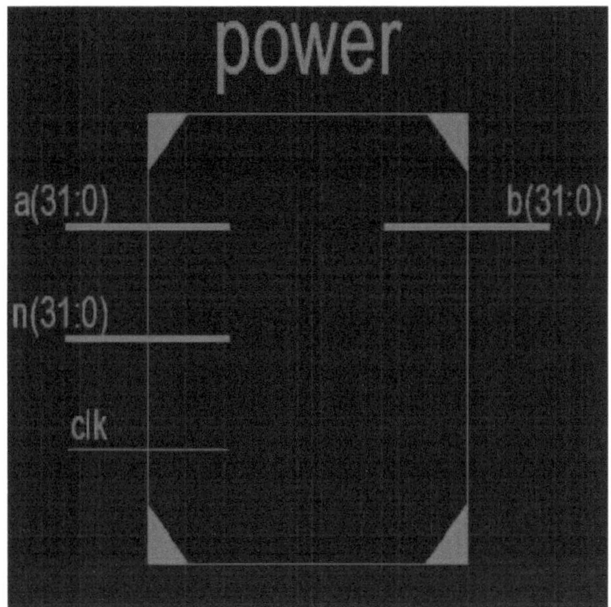

Figura 4.1: Esquema RTL de potência

Esquema tecnológico do módulo de potência

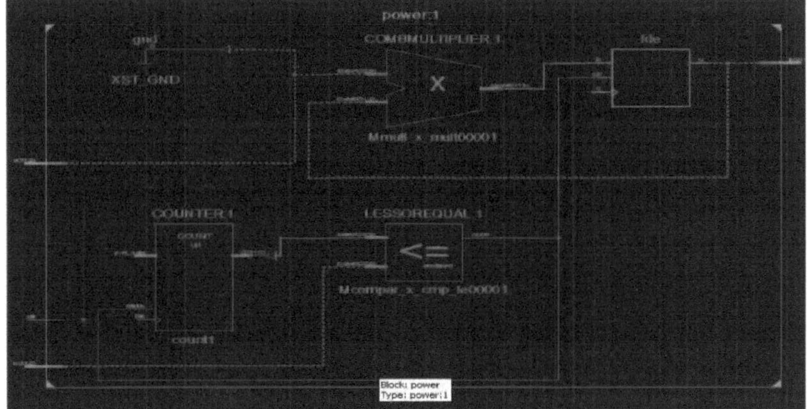

Figura 4.2: Esquema tecnológico do módulo de potência

A utilização dos recursos da FPGA para o módulo de potência é apresentada na Tabela 4.4. Os resultados da análise de temporização mostram que o caminho crítico é de 6,016 ns, ou seja, a frequência máxima de relógio é de 166,223 MHz

Quadro 4.2: Relatório de utilização do módulo de potência

Device Utilization Summary (estimated values)				[-]
Logic Utilization	Used	Available	Utilization	
Number of Slices	59	960	6%	
Number of Slice Flip Flops	64	1920	3%	
Number of 4 input LUTs	95	1920	4%	
Number of bonded IOBs	97	66	146%	
Number of MULT18X18SIOs	3	4	75%	
Number of GCLKs	1	24	4%	

4.3 Módulo de divisão

Para calcular a chave temos que fazer a operação de módulo, que pode ser obtida tirando o resto depois da divisão binária. Assim, para fazer a operação de divisão, as entradas são Dividendo e Devisor e as saídas são Quociente e Resto.

É composto por duas entradas e duas saídas

As entradas são: As saídas são:

❖ Dividendo (31:0)   Quociente (31:0)

❖ Divisor (31:0)   Lembrete (31:0)

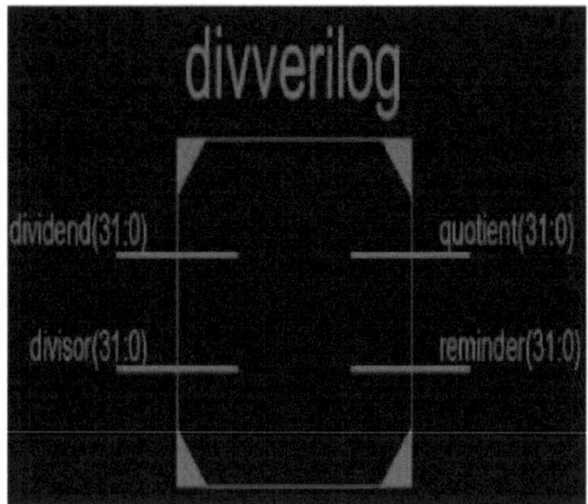

Figura 4.3: Esquema **RTL** da divisão

Quadro 4.3: Relatório de utilização do módulo de divisão

Device Utilization Summary (estimated values)				[-]
Logic Utilization	Used	Available	Utilization	
Number of Slices	1628	960	169%	
Number of 4 input LUTs	3072	1920	160%	
Number of bonded IOBs	128	66	193%	

4.4 Algoritmo de troca de chaves DH

A troca de chaves Diffie-Hellman (D-H) é um método assimétrico de troca de chaves criptográficas. Tem duas chaves, ou seja, uma chave pública e uma chave privada. Neste algoritmo, p &g actuam como entradas de chave pública e x&y actuam como entradas de chave privada. Aqui **x** actua como chave privada de Alice e **y** actua como chave privada de Bob

Entradas:
- ❖ p(31:0)&g(31:0) são as chaves públicas
- ❖ X(31:0) é a chave privada de Alice
- ❖ Y (31:0)é a chave privada do Bob

Saídas:
- ❖ K_1 (31:0)=Alice Chave secreta
- ❖ K2(31:0)=Chave secreta de Bobs

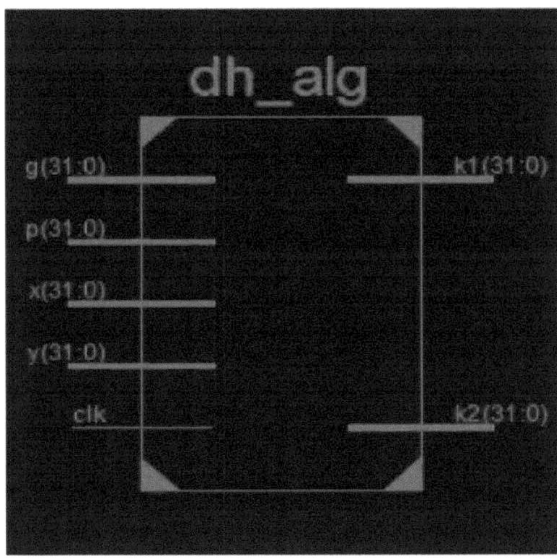

Figura 4.4: Esquema RTL para o Algoritmo DH

A utilização dos recursos da FPGA para a Divisão é apresentada na Tabela 4.4. Os resultados da análise de temporização mostram que o caminho crítico é de 4,354ns, ou seja, a frequência de relógio máxima é de 229,674MHz.

Quadro 4.4: Relatório de utilização do Algoritmo DH

Device Utilization Summary (estimated values)				[-]
Logic Utilization	Used	Available	Utilization	
Number of Slice Registers	289	69120		0%
Number of Slice LUTs	12623	69120		18%
Number of fully used LUT-FF pairs	161	12751		1%
Number of bonded IOBs	193	640		30%
Number of BUFG/BUFGCTRLs	2	32		6%
Number of DSP48Es	12	64		18%

4.4 Proposta de ZKP Versão-1

Um terceiro de confiança seleciona dois números primos p e g, e anuncia-os como números públicos. O provador (Alice) prova ao verificador (Bob) que conhece um segredo calculando a chave (K_{iAice}) e reenvia a resposta de Bob (R_2) ao verificador (Bob) encriptada com a chave secreta gerada (K_{Alice}). O Bob encripta a sua própria resposta (R_2) com a chave secreta gerada (K_{Bob}) e faz corresponder as duas informações encriptadas; se corresponderem, a Alice é verificada; caso contrário, é rejeitada

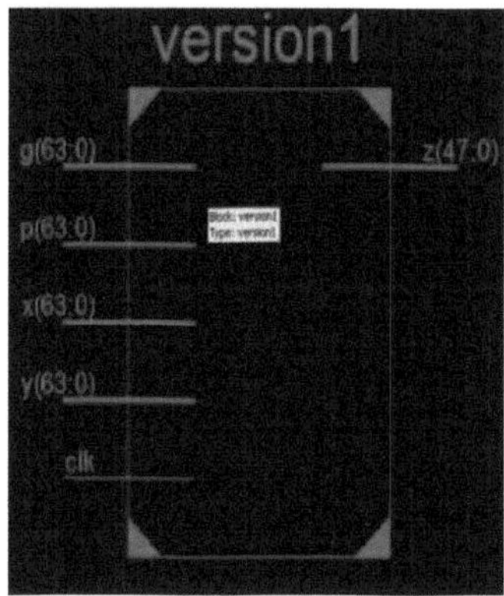

Figura 4.5: Esquema RTL da versão 1 do ZKP

Etapas presentes na versão *1* da ZKP

* Alice (o provador) escolhe um número aleatório grande x, tal que $0 < x < p$ e calcula $R1 = g^x \bmod p$.
* Bob (o verificador) escolhe outro número aleatório grande y, de tal forma que $0 < y < p$ e calcula $R2 = g^y \bmod p$.

❖ Alice envia R1 para Bob.

❖ O Bob envia o R2 à Alice.

❖ Alice (o provador) calcula $K_{Alice} = (R)_2^x$ mod p, e envia R encriptado$_2$ a Bob utilizando $_{KAlice}$(C1 = E($_{KAlice,R2}$)) .

❖ Bob calcula $K_{Bob} = (R)_1^y$ mod p, e calcula [C2 = E($K_{Bob,R2}$)].

❖ Bob (o verificador) verifica (C1 = C2); se for igual, Alice é aceite; caso contrário, é rejeitada.

Na versão 1 da prova de conhecimento zero, o R2 é encriptado com a chave da Alice e a chave do Bob. Em seguida, obtém-se o texto cifrado com as respectivas chaves e compara-se o texto cifrado. Se houver um homem no meio do ataque. Os seus textos cifrados serão diferentes. Assim, podemos concluir que existe um atacante.

A versão 1 do algoritmo proposto é vulnerável a ataques do tipo "man-in-the-middle". Um espião, Eve, pode fazer o seguinte: Eve seleciona um número aleatório z e intercepta R1 de Alice e R2 de Bob. Eve calcula duas chaves secretas; (K1 = R1z mod p) a partilhar com Alice, e (K2 = R2z mod p) a partilhar com Bob. Eve envia (C1 = E(K1, R1) mod p) a Alice e envia (C2= E(K2, R2) mod p) a Bob. Assim, Eve pode fazer-se passar por Alice e verificar com Bob. No entanto, a versão 1 foi desenvolvida para ilustrar a sua relação com o algoritmo básico de troca de chaves DH. Para proteger o algoritmo proposto do ataque "man-in-the middle", são necessárias respostas encriptadas (R1 e R2) e uma autenticação mútua entre o provador (Alice) e o verificador (Bob).

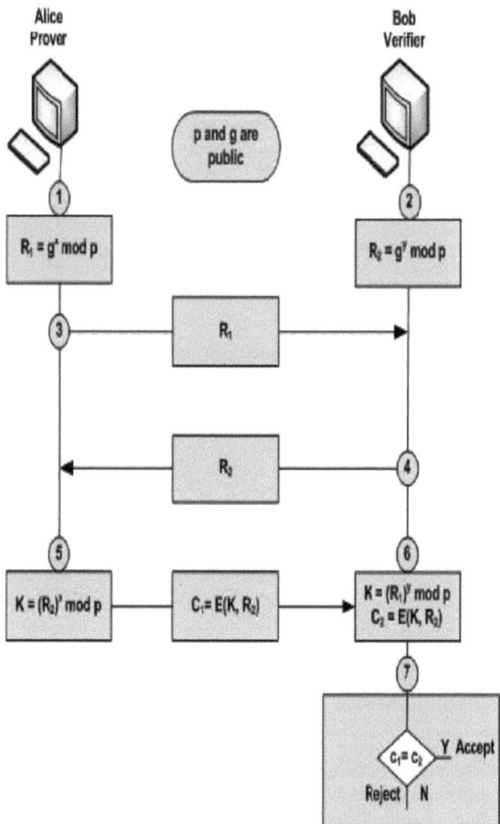

Figura 4.6: Fluxograma da versão 1 do ZKP

4.5 Proposta de versão 2 da ZKP

Prova de conhecimento zero ou protocolo de conhecimento zero é um método pelo qual uma parte pode provar a outra que uma afirmação é verdadeira, sem permitir que a outra parte prove a afirmação a qualquer outra pessoa

A provadora (Alice) prova ao verificador (Bob) que conhece um segredo calculando a chave *(K)* e reenvia a resposta de Bob (R2) ao verificador (Bob) encriptada com a chave secreta gerada *(K)*. O Bob encripta a sua própria resposta (R2) com a chave secreta gerada *(K)* e faz corresponder as duas informações encriptadas; se corresponderem, a Alice é verificada; caso contrário, é rejeitada. O verificador também precisa de provar ao provador que é honesto, enviando a sua resposta *R1 juntamente* com *R1* encriptado, depois o verificador desencripta *R1'* com a sua chave e faz corresponder *R1* e *R1'*; se corresponderem, o verificador é honesto.

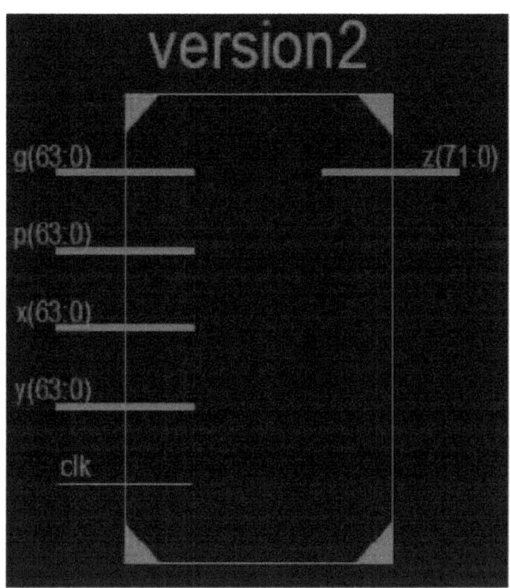

Figura 4.7: Esquema RTL da versão 2

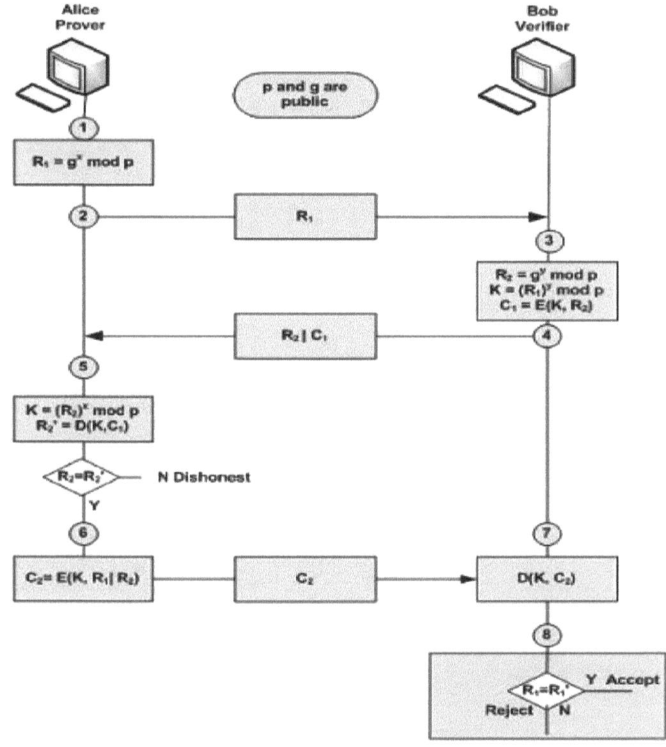

Figura 4.8: Diagrama de fluxo da versão 2 do ZKP proposto

Etapas presentes na versão 2:

❖ Alice (o provador) escolhe um número aleatório grande x, tal que $0<x<p$ e calcula $R1 = g^x \bmod p$.

❖ Alice envia $R1$ *para* Bob.

❖ Bob (o verificador) escolhe outro número aleatório grande y, tal que $0<y<p$ e calcula $R_2 = g^y \bmod p$, $K_{Bob} = (R1)^y \bmod p$, e $C1 = E(K_{Bob}, R_2)$.

❖ O Bob envia *(R2| C1)* à Alice.

❖ Alice calcula $K\ i_{Aice} = (R\ )_2^x\ mod\ p$, decifra *($R_2$ ' = D(K i_{Aice} , C1))* e verifica *(R_2 = R2')*. Se corresponderem, prossegue; caso contrário, o verificador é desonesto.

❖ Alice Encripta *(C2 = E(K$_{Alice}$, R1|R$_2$)* e envia-o a Bob.

❖ Bob decifra *C2* para obter R_i e R_2

❖ Bob verifica *(R1 = R$_1$ ')*; se forem iguais, então Alice é verificada (aceite), caso contrário é um provador desonesto (rejeitado).

Na versão 2 da prova de conhecimento zero, o R2 é encriptado com a chave da Alice e a chave do Bob. Em seguida, obtém-se o texto cifrado com a chave de cada um deles e estes textos cifrados são desencriptados. Se houver um ataque do tipo "man in the middle", os textos cifrados e os textos simples serão diferentes. Assim, podemos concluir que existe um atacante no meio com a ajuda do protocolo de prova de conhecimento zero da versão 2.

A utilização dos recursos da FPGA para o transmissor OFDM é apresentada na Tabela 4.7. Os resultados da análise de temporização mostram que o caminho crítico é de 1,543 ns, ou seja, a frequência máxima de relógio é de 648,088MHz.

Quadro 4.6: Relatório de utilização da versão 2

Device Utilization Summary (estimated values)				[-]
Logic Utilization	Used	Available	Utilization	
Number of Slices	30247	4656	649%	
Number of Slice Flip Flops	613	9312	6%	
Number of 4 input LUTs	57720	9312	619%	
Number of bonded IOBs	305	232	131%	
Number of GCLKs	2	24	8%	

5. RESULTADOS DA SIMULAÇÃO

Este capítulo apresenta resultados de simulações computacionais utilizando o software Xilinx ISE (Integrated Software Environment) para o Algoritmo DH para Prova de Conhecimento Zero. Os parâmetros do sistema fornecem uma base para as simulações da Versão 1 e da Versão 2. Os resultados da simulação dos blocos individuais do sistema proposto e do módulo de nível superior serão discutidos aqui.

5.1 Resultado da simulação do módulo de potência

No módulo de potência, as entradas e saídas básicas são a base, a potência e a saída. Com base na potência, para cada aumento da borda do relógio, a potência será incrementada de acordo com os nossos requisitos até que a nossa contagem seja satisfeita.

Entradas :

- ❖ a -É chamado de base
- ❖ n - É chamado de potência, ou seja, o número de vezes que a base é multiplicada por si mesma.
- ❖ Clk - É o relógio do módulo

Saída :
- ❖ b- o resultado da $[a]^n$

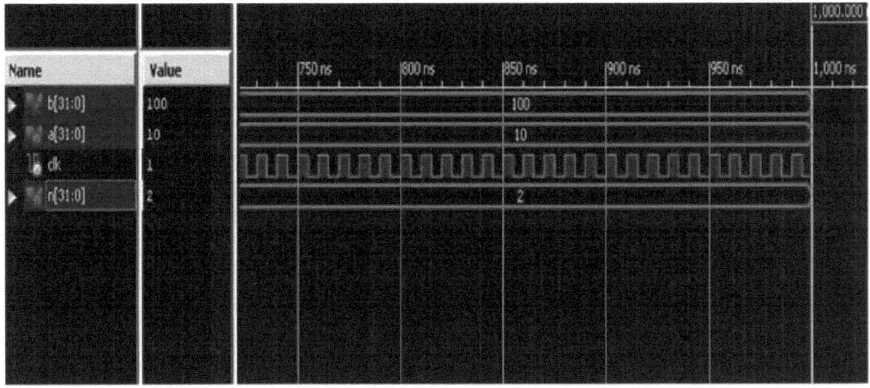

Figura 5.1: Resultado da simulação do módulo de potência

5.2 Resultado da simulação do módulo de divisão

Para calcular a chave temos que fazer a operação de módulo, que pode ser obtida tirando o resto depois da divisão binária. Assim, para fazer a operação de divisão, as entradas são Dividendo e Devisor e as saídas são Quociente e Resto.

É composto por duas entradas e duas saídas

As entradas são:

- ❖ Dividendo (31:0)

*   ❖ Divisor (31:0)

As saídas são:

*   ❖ Quociente (31:0)
*   ❖ Lembrete (31:0)

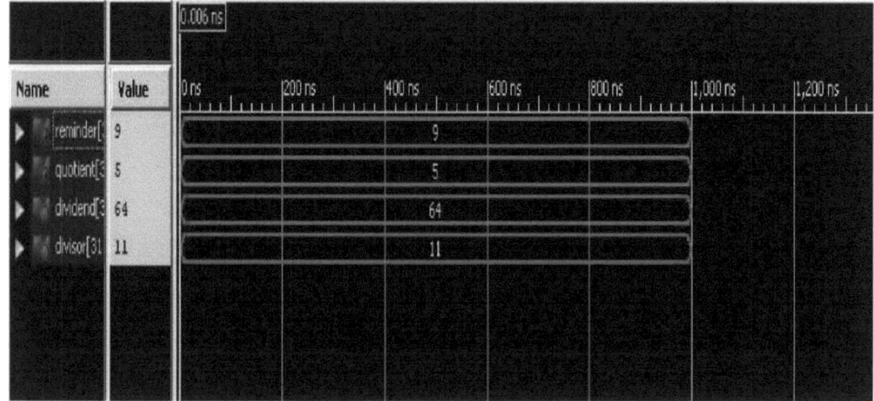

Figura 5.2: Resultado da simulação da divisão

5.3 Resultado da simulação do algoritmo DH

A troca de chaves Diffie-Hellman (D-H) é um método assimétrico de troca de chaves criptográficas. Tem duas chaves, ou seja, uma chave pública e uma chave privada. Neste algoritmo, p &g actuam como entradas de chave pública e x&y actuam como entradas de chave privada. Aqui **x** actua como chave privada de Alice e **y** actua como chave privada de Bob

Entradas:
*   ❖ p(31:0)&g(31:0) são as chaves públicas
*   ❖ X(31:0) é a chave privada de Alice
*   ❖ Y (31:0)é a chave privada do Bob

Saídas:
*   ❖ K_1 (31:0)=Alice Chave secreta
*   ❖ K2(31:0)=Chave secreta de Bobs

Exemplo de Algoritmo DH

*   ❖ Alice e Bob concordam em utilizar um número primo p = 23 e uma base g = 5.
*   ❖ Alice escolhe um número inteiro secreto **x = 2**, depois envia a Bob A = g^x mod p
    *   • $R_1 = 5^2$ mod 23
    *   • R1 = 25 mod 23
    *   • R1 = 2

- ❖ O Bob escolhe um número inteiro secreto **y= 4**, depois envia à Alice B = g^y mod p
  - $R_2 = 5^4$ mod 23
  - $R_2 = 625$ mod 23
  - $R_2 = 4$
- ❖ Alice calcula K1 = $R_2{}^x$ mod p
  - K1 = 4^2 mod 23
  - $K_1 = 16$ mod 23
  - K1 = 16
- ❖ O Bob calcula $K_2 = R_1{}^y$ mod p
  - $K_2 = 2^4$ mod 23
  - $K_2 = 16$ mod 23
  - $K_2 = 16$
- ❖ Alice e Bob partilham agora um segredo (o número **16**)
- ❖ Porque 2 x 4 é o mesmo que 4 x 2.

Finalmente K1=K2

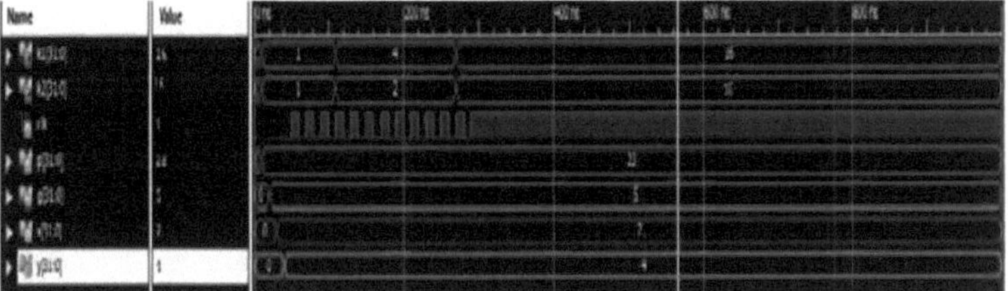

Figura 5.3: Resultado da simulação do algoritmo DH

5.4 Resultados da simulação do ZKP Versionl

A prova de conhecimento zero (ZKP) proposta baseia-se no algoritmo de troca de chaves DH, no sentido em que ambas as partes, o provador e o verificador, trocam informações não secretas e não revelam segredos para obter uma chave secreta idêntica. Isto significa que o provador pode provar ao verificador que conhece o segredo. O algoritmo proposto foi desenvolvido em duas fases; na primeira fase, desenvolvemos uma primeira versão1 baseada no algoritmo básico de troca de chaves DH, que é vulnerável a ataques do tipo "man-in-the-middle".

Na versão 1 da prova de conhecimento zero, o R2 é encriptado com a chave da Alice e a chave do Bob. Em seguida, obtém-se o texto cifrado com as respectivas chaves e compara-se o texto cifrado. Se houver um homem no meio do ataque. Os seus textos cifrados serão diferentes. Assim, podemos concluir que existe um atacante. A versão 1 combina principalmente módulos de potência e módulos de divisão. Finalmente, os textos cifrados são representados com valores ASCII.

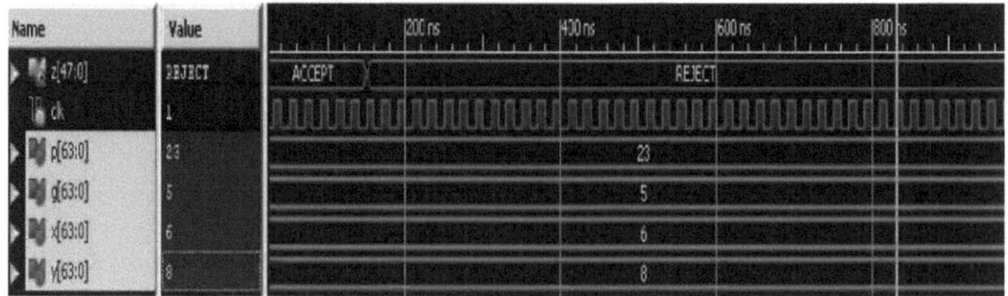

Figura 5.4: Resultado da simulação da versão 1 do ZKP

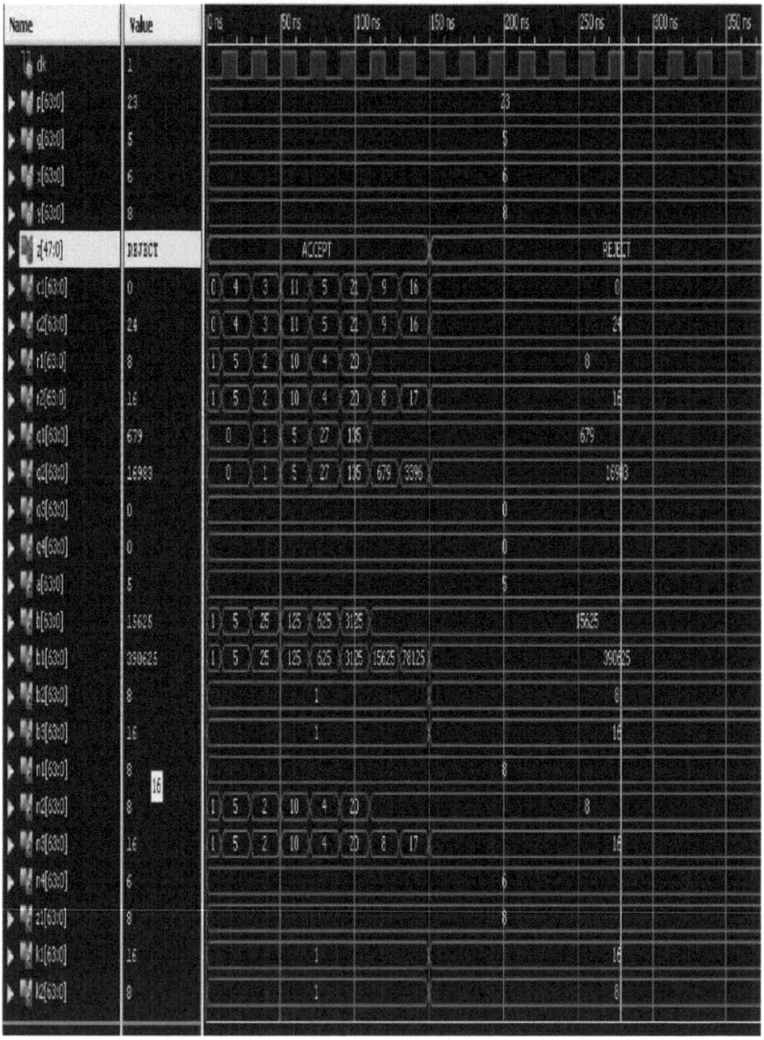

Figura 5.5: Simulação da versão 1

5.5 Resultados da simulação da versão 2 do ZKP

A prova de conhecimento zero proposta baseia-se no algoritmo de troca de chaves DH, no sentido em que ambas as partes, o provador e o verificador, trocam informações não secretas e não revelam segredos para obter uma chave secreta idêntica. Isto significa que o provador pode provar ao verificador que conhece o segredo. O algoritmo proposto foi desenvolvido em duas fases; na primeira fase, desenvolvemos uma primeira versão1 baseada no algoritmo básico de troca de chaves DH, que é vulnerável a ataques do tipo "man-in-the-middle",

Na versão 2 da prova de conhecimento zero, o R2 é encriptado com a chave da Alice e desencriptado com a chave do Bob. Depois, estes textos cifrados são desencriptados. Se houver um ataque do tipo "man in the middle". Os textos cifrados e os textos simples serão diferentes. Assim, podemos concluir que existe um atacante no meio com a ajuda do protocolo de prova de conhecimento zero da versão 2.

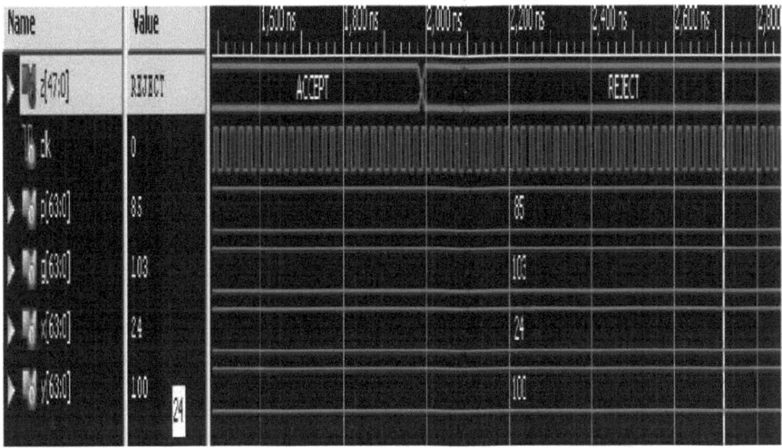

Figura 5.6: Resultados da simulação da versão 2 do ZKP

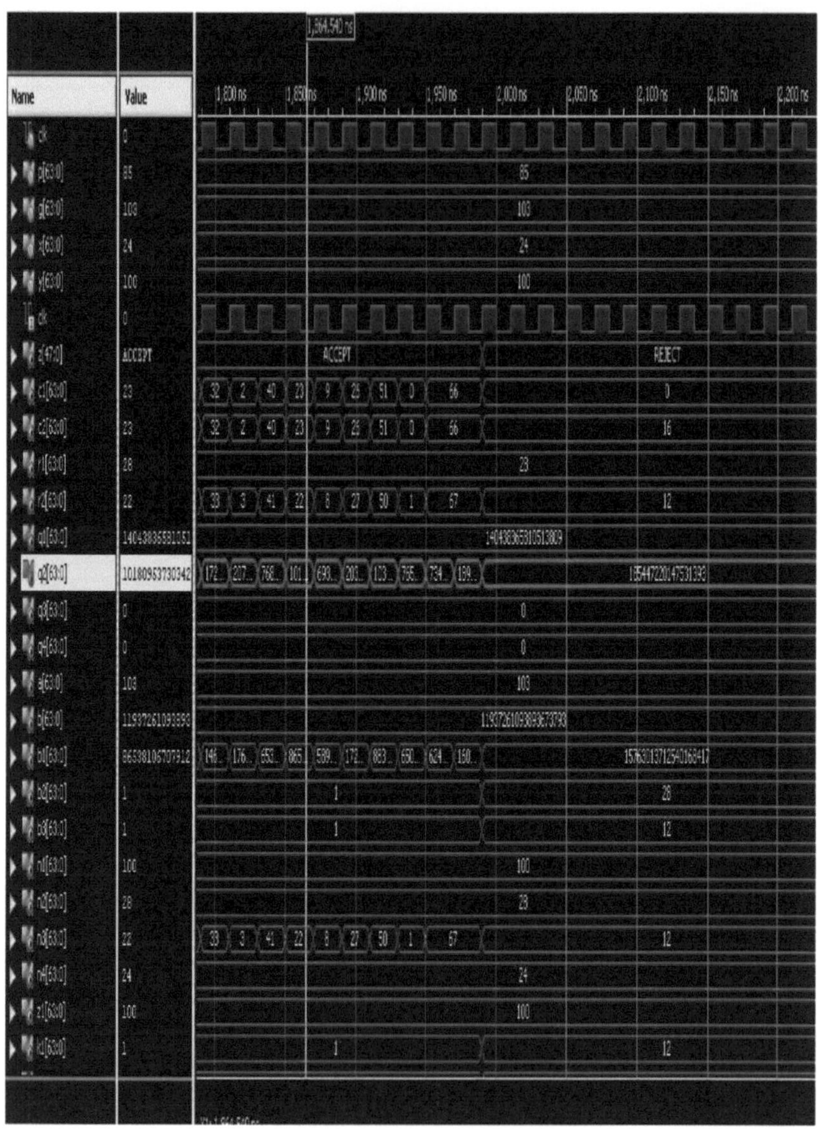

Figura 5.7: Simulação da Versão2

6. PROTOTIPAGEM FPGA

Este capítulo apresenta a implementação do algoritmo DH para o protocolo Zero Knowledge Proof na placa Xilinx FPGA SPARTAN 3E utilizando o software Xilinx ISE 12.4. A lista de ferramentas utilizadas para a implementação do sistema proposto é apresentada na tabela 6.1

Tabela 6.1: Lista de ferramentas utilizadas para o Algoritmo DH para Prova de Conhecimento Zero

Design Action	Tool Name
Design Entry	Verilog HDL
Synthesis	Xilinx Synthesis Tool(XST)
Simulation	ISE Simulator
Implementation	FPGA Editor, Plan Ahead
FPGA Configuration Target Device	iMPACT
FPGA Board	XC3s 500e fg320

Figura 6.1: Saída do algoritmo DH para ZKP na placa FPGA Xilinx SPARTAN-3E, XC3s 500e fg320

7. CONCLUSÃO E ÂMBITO FUTURO

As provas de conhecimento zero são provas probabilísticas porque existe uma pequena probabilidade de erro de solidez que permite a um provador trapaceiro convencer o verificador de uma afirmação falsa. As técnicas padrão utilizadas para diminuir o erro de solidez para qualquer valor arbitrariamente pequeno, mas com custos de computação adicionais.

O protocolo proposto é um algoritmo determinístico com valores limitados e não probabilístico, pelo que não tem erro de solidez nem custo de computação adicional.

O protocolo proposto cumpre as propriedades ZKP e está protegido contra ataques de logaritmo discreto e ataques do tipo man-in-the-middle. O algoritmo proposto serve como algoritmo de troca de chaves com a adição de serviços de autenticação.

Estas técnicas não só são utilizadas para a transferência segura de dados, como também podem ser alargadas à transferência de imagens digitais, encriptando cada valor de pixel. Assim, podemos conseguir uma melhor transmissão.

Se efectuarmos várias codificações e várias descodificações em ambos os lados, conseguiremos obter uma comunicação mais segura.

REFERÊNCIAS

[1] Ibrahim M.K(2012)Modificação do algoritmo de troca de chaves Diffie Hellman para prova de conhecimento zero Publicado em: future communication Networks (ICFCN)2012 International conference.

[2] Back, Amanda, (2009), "The Diffe-Hellman key Exchange", 2 de dezembro de 2009, http://129.81.170.14/~erowland/courses/2009-2/projects/Back.pdf.

[3] Carts, David A., (2001), "A Review of the Diffie- Hellman Algorithm and its Use in Secure Internet Protocols", SANS Institute, 2001.

[4] Clausen, Andrew, (2007), "Logical Composition of Zero Knowledge Proofs", outubro de 2007, http://www.econ.upenn.edu/clausen.

[5] Endre Bangerter, etal, (2009), "On the Design and Implementation of Efficient Zero Knowledge Proofs of Knowledge", Actas da 2ª Conferência ECRYPT sobre Melhoria do Desempenho do Software para Encriptação e Descodificação e Compiladores Criptográficos (SPEED-CC'09), Berlim, Alemanha, outubro de 2009.

[6] Fischer, Michael J., (2010), "Cryptography and Computer Security", Departamento de Informática, Universidade de Yale, 29 de março de 2010.

[7] Forouzan, Behrouz A. (2008), "Cryptography and Network Security", McGraw-Hill, Int. Ed. 2008.

[8] Kizza, Joseph M, (2010), "Feige-Fiat-Shamir ZKP Scheme Revisited", International Journal of Computing and ICT Research, Vol. 4, No. 1, junho de 2010.

[9] Krantz, Steven G., (2007), "Zero Knowledge Proofs", AIM Preprint Series, Volume 10-46, 25 de julho de 2007.

[10] Maurer Ueli, (2009), "Unifying Zero Knowledge Proofs of Knowledge", Africa crypt 2009, LNCS 5580, pp. 272-286, 2009.

[11] Michael Backes e Dominique Unruha, (2009), "Computational Soundness of Symbolic Zero-Knowledge Proofs", Journal of Computer Security, Vol. 18, No. 6, pp. 1077-1155, 2010.

[12] Mohr, Austin (2007), "A Survey of Zero Knowledge Proofs with Applications to Cryptography", Southern Illinois University, 2007.

[13] P. Bhattacharya, M. Debbabi e H. Otrok, (2005), "Improving the Diffie-Heliman Secure key Exchange", Conferência Internacional sobre redes sem fios, comunicações e computação móvel, 2005.

[14] Simari, Gerardo I., (2002), "A Primer on Zero Knowledge Protocols", relatório técnico, Universidad Nacional del Sur, Buenos aires, argentina, 2002.

[15]   Stallings, William (2010), "Cryptography and Network Security", Prentice Hall, 5th Ed. 2010.

[16]   Velten, Michael, (2006), "Zero-Knowledge The Magic of Cryptography", Universidade de Saarland, agosto de 2006.

APÊNDICE A
VERILOG

A.1 Introdução ao Verilog

Verilog é uma linguagem de descrição de hardware, um formato textual para descrever circuitos e sistemas electrónicos. Aplicada à conceção eletrónica, a Verilog destina-se a ser utilizada para verificação através de simulação, para análise de temporização, para análise de testes (análise de testabilidade e classificação de falhas) e para síntese lógica.

A norma Verilog HDL é uma norma IEEE número 1364. A primeira versão da norma IEEE para Verilog foi publicada em 1995. Em 2001, foi publicada uma versão revista, que é a mais utilizada pelos utilizadores de Verilog. O documento da norma IEEE Verilog é conhecido como o Manual de Referência da Linguagem (LRM). Esta é a definição completa e autorizada da HDL Verilog.

Uma nova revisão da norma Verilog foi publicada em 2005, embora tenha poucos extras em relação à norma de 2001. O System-Verilog é um enorme conjunto de extensões ao Verilog, e foi publicado pela primeira vez como uma norma IEEE em 2005. A norma IEEE Std 1364 também define a Interface de Linguagem de Programação, ou PLI. Trata-se de um conjunto de rotinas de software que permitem uma interface bidirecional entre Verilog e outras linguagens (normalmente C). Note-se que VHDL não é uma abreviatura de Verilog HDL - Verilog e VHDL são duas HDLs diferentes. Têm mais semelhanças do que diferenças.

A.2 História da Verilog

Verilog é uma das linguagens de descrição de hardware mais modernas que foram inventadas. Foi criada por Prabhu Goel e Phil Moorby durante o inverno de 1983/1984. A redação deste processo foi "Automated Integrated Design Systems" (mais tarde renomeada para Gateway Design Automation em 1985) como uma linguagem de modelação de hardware. A Gateway Design Automation foi adquirida pela Cadence Design Systems em 1990. A Cadence detém agora todos os direitos de propriedade sobre o Verilog da Gateway e o Verilog-XL, o simulador HDL que se tornaria a norma de facto (dos simuladores lógicos Verilog) durante a década seguinte. Inicialmente, o Verilog destinava-se a descrever e permitir a simulação; só depois foi adicionado o suporte para síntese.

Verilog-95

Com o sucesso crescente do VHDL na altura, a Cadence decidiu disponibilizar a linguagem para normalização aberta. A Cadence transferiu o Verilog para o domínio público sob a organização Open Verilog International (atualmente conhecida como Accellera). Mais tarde, a Verilog foi submetida ao IEEE e tornou-se na norma IEEE 1364-1995, comummente designada por Verilog-95.

Na mesma altura, a Cadence iniciou a criação da linguagem Verilog-A para apoiar as normas do seu simulador analógico Spectra. O Verilog-A nunca foi concebido para ser uma linguagem autónoma e é um subconjunto do Verilog-AMS, que englobava o Verilog-95.

Verilog 2001

Foram apresentadas ao IEEE extensões ao Verilog-95 para cobrir as deficiências que os utilizadores tinham encontrado na norma Verilog original. Estas extensões tornaram-se na norma IEEE 1364-2001, conhecida como Verilog-2001.

O Verilog-2001 é uma atualização significativa do Verilog-95. Em primeiro lugar, adiciona suporte explícito para redes e variáveis assinadas (complemento de 2). Anteriormente, os autores de código tinham de efetuar operações com sinais utilizando manipulações complicadas ao nível dos bits (por exemplo, o bit de carry-out de uma simples adição de 8 bits exigia uma descrição explícita da álgebra booleana para determinar o seu valor correto). A mesma função em Verilog-2001 pode ser descrita de forma mais sucinta por um dos operadores incorporados: +, -, /, *, >>>. Uma construção generate/end generate (semelhante à generate/end generate do VHDL) permite ao Verilog-2001 controlar a instanciação de instâncias e declarações através de operadores de decisão normais (case/if/else). Utilizando generate/end generate, o Verilog-2001 pode instanciar um conjunto de instâncias, com controlo sobre a conetividade das instâncias individuais. A E/S de ficheiros foi melhorada através de várias novas tarefas de sistema. E, finalmente, foram introduzidas algumas adições de sintaxe para melhorar a legibilidade do código (por exemplo, sempre @*, substituição de parâmetros nomeados, declaração de cabeçalho de função/tarefa/módulo ao estilo C).

O Verilog-2001 é a variante dominante do Verilog suportada pela maioria dos pacotes de software EDA comerciais.

Verilog 2005

Para não ser confundido com o System Verilog, o Verilog 2005 (Norma IEEE 13642005) consiste em pequenas correcções, clarificações das especificações e algumas novas funcionalidades da linguagem (como a palavra-chave unwire).

Uma parte separada da norma Verilog, Verilog-AMS, tenta integrar a modelação de sinais analógicos e mistos com o Verilog tradicional.

Sistema Verilog

O System Verilog é um superconjunto do Verilog-2005, com muitas novas funcionalidades e capacidades para ajudar na verificação e modelação do projeto. A partir de 2009, as normas das linguagens System Verilog e Verilog foram fundidas no System Verilog 2009 (norma IEEE 1800-2009).

O advento das linguagens de verificação de hardware, como a Open Vera e a linguagem da Verisity, incentivou o desenvolvimento do Super log pela Co-Design Automation Inc. A Co-Design Automation Inc foi mais tarde adquirida pela Synopsys. As bases do Super log e do Vera foram doadas à Accellera, que mais tarde se tornou na norma IEEE P1800-2005: System Verilog.

A.3 Fluxo de projeto com Verilog

O diagrama abaixo resume o fluxo de conceção de alto nível para um ASIC (ou seja, matriz de portas, célula padrão) ou FPGA. Numa situação prática de conceção, cada passo descrito nas secções seguintes pode ser dividido em vários passos mais pequenos, e partes do fluxo de conceção serão repetidas à medida que os erros forem sendo descobertos.

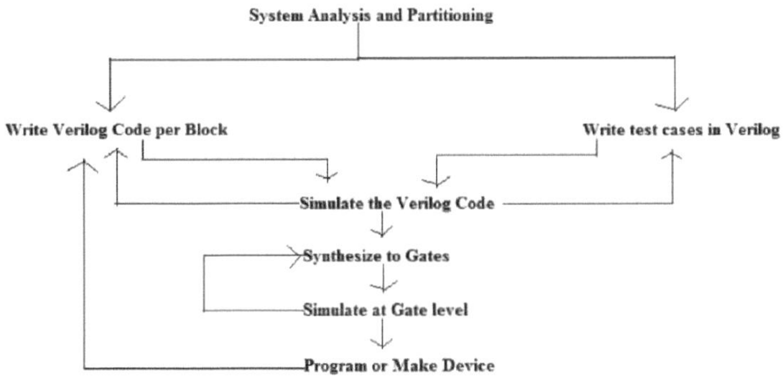

Figura A.1 Fluxo de projeto de Verilog.

Verificação a nível do sistema

Numa primeira fase, o Verilog pode ser utilizado para modelar e simular aspectos do sistema completo que contém um ou mais ASIC ou FPGA. Esta pode ser uma descrição totalmente funcional do sistema, permitindo que a especificação seja validada antes de se iniciar o projeto pormenorizado. Em alternativa, pode ser uma descrição parcial que abstrai certas propriedades do sistema, como um modelo de desempenho para detetar bloqueios de desempenho do sistema.

A Verilog não é ideal para a modelação ao nível do sistema. Esta é uma motivação para o System Verilog, que melhora o Verilog neste domínio.

Conceção RTL e criação de bancos de ensaio

Quando a arquitetura geral do sistema e o particionamento estiverem estáveis, pode dar-se início à conceção pormenorizada de cada ASIC ou FPGA. Começa-se por capturar o projeto em Verilog ao nível da transferência de registos e por capturar um conjunto de casos de teste em Verilog.

Estas duas tarefas são complementares e, por vezes, são realizadas por diferentes equipas de conceção, isoladamente, para garantir que a especificação é corretamente interpretada. A RTL Verilog deve ser sintetizável se for utilizada a síntese lógica automática. A geração de casos de teste é uma tarefa importante que exige uma abordagem disciplinada e muito engenho de engenharia: a qualidade do ASIC ou FPGA final depende da cobertura desses casos de teste.

Para os projectos grandes e complexos de hoje em dia, a verificação pode ser um verdadeiro estrangulamento. Isso fornece outra motivação para o System Verilog - ele possui recursos para agilizar o desenvolvimento de bancos de testes.

Verificação RTL

A RTL Verilog é então simulada para validar a funcionalidade em relação à especificação. A simulação RTL é normalmente uma ou duas ordens de grandeza mais rápida do que a simulação ao nível da porta, e a experiência tem demonstrado que este aumento de velocidade é melhor explorado fazendo mais simulações, e não gastando menos tempo em simulações.

Na prática, é comum passar 70-80% do ciclo de conceção a escrever e simular Verilog ao nível e acima do nível de transferência de registos, e 20-30% do tempo a sintetizar e verificar as portas.

Síntese antecipada

Embora seja efectuada alguma síntese exploratória no início do processo de conceção, para fornecer dados precisos sobre a velocidade e a área para ajudar na avaliação das decisões arquitectónicas e para verificar a compreensão do engenheiro sobre a forma como o Verilog será sintetizado, a principal execução de produção da síntese é adiada até que a simulação funcional esteja concluída. Não faz sentido investir muito tempo e esforço na síntese até que a funcionalidade do projeto seja validada.

Níveis de abstração

As descrições Verilog podem abranger vários níveis de abstração, ou seja, níveis de pormenor, e podem ser utilizadas para diferentes fins em várias fases do processo de conceção.

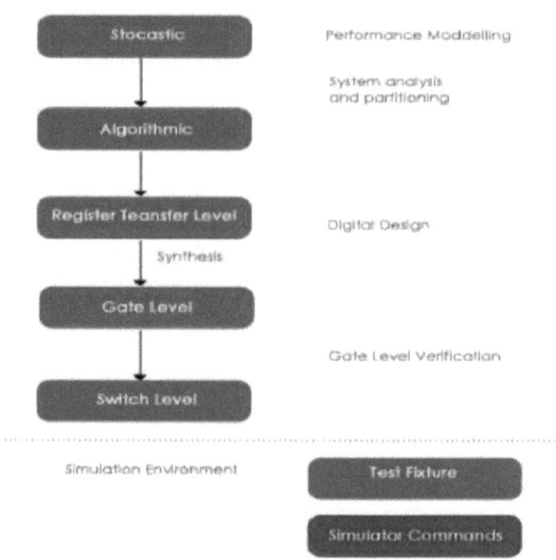

Figura A.2 Níveis de abstração em Verilog.

Ao mais alto nível, Verilog contém funções estocásticas (filas de espera e distribuições de probabilidade aleatórias) para apoiar a modelação do desempenho.

A Verilog suporta a modelação comportamental abstrata, pelo que pode ser utilizada para modelar a funcionalidade de um sistema a um nível elevado de abstração. Isto é útil na fase de análise e particionamento do sistema.

O Verilog suporta descrições de nível de transferência de registos, que são utilizadas para a conceção pormenorizada de circuitos digitais. As ferramentas de síntese transformam as descrições RTL para o nível de porta.

O Verilog suporta descrições ao nível da porta e do comutador, utilizadas para a verificação de projectos digitais, incluindo a simulação lógica ao nível da porta e do comutador, a análise de temporização estática e dinâmica, a análise de testabilidade e a classificação de falhas.

O Verilog também pode ser utilizado para descrever ambientes de simulação; vectores de teste, resultados esperados, comparação e análise de resultados.

Com algumas ferramentas, o Verilog pode ser utilizado para controlar a simulação, por exemplo, definindo pontos de interrupção, efectuando pontos de verificação, reiniciando a partir do tempo 0, traçando formas de onda. No entanto, a maioria destas funções não está incluída na norma 1364, mas é propriedade de simuladores específicos. A maioria dos simuladores tem as suas próprias linguagens de comando; muitas ferramentas baseiam-se em Tcl, que é uma linguagem de ferramentas padrão da indústria.

Processo de conceção

O diagrama abaixo apresenta uma visão muito simplificada do processo de conceção de sistemas electrónicos com Verilog. A parte central do diagrama mostra as partes do processo de conceção que serão afectadas pela Verilog.

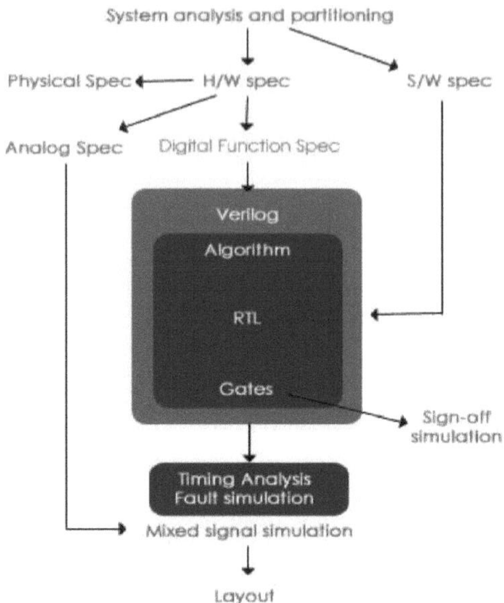

Figura A.3 Processo de projeto com Verilog.

Nível do sistema

A Verilog não é ideal para a simulação abstrata ao nível do sistema, antes da separação hardware-software. Este problema é, em certa medida, resolvido pelo System Verilog. Ao contrário da VHDL, que suporta tipos definidos pelo utilizador e operadores sobrecarregados que permitem ao projetista abstrair o seu trabalho no domínio do problema, a Verilog limita o projetista a trabalhar com funções e tarefas de sistema predefinidas para a simulação estocástica e pode ser utilizada para modelizar o desempenho, o débito e as filas de espera, mas apenas na medida em que essas caraterísticas da linguagem incorporada o permitam. Os projectistas utilizam ocasionalmente o nível de abstração estocástico para esta fase do processo de conceção.

Digital

O Verilog é adequado para ser utilizado atualmente no processo de conceção de hardware digital, desde a simulação funcional, a conceção manual e a síntese lógica até à simulação ao nível das portas. As ferramentas Verilog proporcionam um ambiente de conceção integrado neste domínio.

A Verilog também é adequada para ferramentas especializadas de verificação de projectos ao nível da implementação, como a simulação de falhas, a simulação ao nível do comutador e a simulação do pior caso de temporização. O Verilog pode ser utilizado para simular efeitos de carga de fan-out ao nível da porta e atrasos de encaminhamento através da importação de ficheiros SDF.

O nível de abstração RTL é utilizado para a simulação funcional antes da síntese. O nível de abstração de porta existe após a síntese, mas este nível de abstração não é frequentemente criado pelo projetista, sendo um nível de abstração adotado pelas ferramentas EDA (síntese e análise temporal, por exemplo).

Analógico

Devido à flexibilidade da linguagem de programação Verilog, esta foi alargada para lidar com a simulação analógica em casos limitados. Existe um projeto de norma - Verilog-AMS - que aborda a simulação analógica e de sinais mistos.

A.3 Estilos de desenho

A Verilog, tal como qualquer outra linguagem de descrição de hardware, permite um projeto numa metodologia bottom-up ou top-down.

Conceção de baixo para cima

O método tradicional de conceção eletrónica é ascendente. Cada projeto é realizado ao nível da porta, utilizando as portas padrão (consulte a secção Digital para mais pormenores). Com a crescente complexidade dos novos projectos, esta abordagem é quase impossível de manter. Os novos sistemas são constituídos por ASIC ou microprocessadores com uma complexidade de milhares de transístores. Estas concepções tradicionais de baixo para cima têm de dar lugar a novos métodos de conceção estruturais e hierárquicos. Sem estas novas práticas, seria impossível lidar com a nova complexidade.

Conceção de cima para baixo

O estilo de conceção desejado por todos os projectistas é o top-down. Uma verdadeira conceção de cima para baixo permite testes antecipados, uma mudança fácil de diferentes tecnologias, uma conceção estruturada do sistema e oferece muitas outras vantagens. Mas é muito difícil seguir uma conceção top-down pura. Devido a este facto, a maioria das concepções é uma mistura de ambos os métodos, implementando alguns elementos-chave de ambos os estilos de conceção.

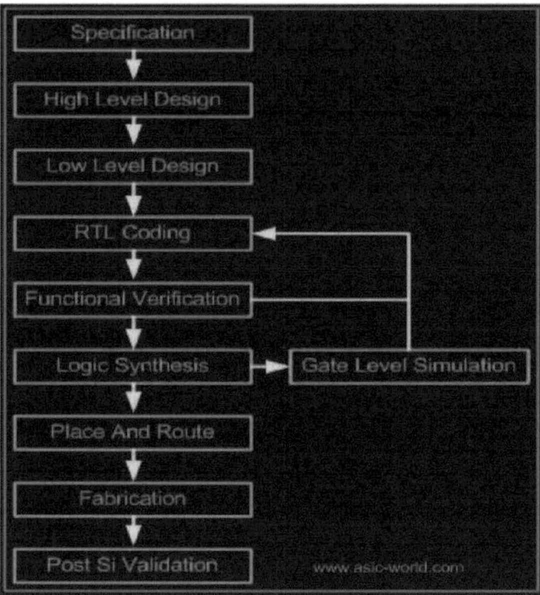

Figura A.4 Fluxo de conceção descendente.

A.4 Níveis de abstração Verilog

A Verilog suporta a conceção em muitos níveis diferentes de abstração. Três deles são muito importantes:

- ❖ Nível comportamental
- ❖ Nível de transferência de registos
- ❖ Nível do portão

Nível comportamental

Este nível descreve um sistema através de Algoritmos concorrentes (Comportamentais). Cada Algoritmo é sequencial, ou seja, consiste num conjunto de instruções que são executadas uma após a outra. Funções, tarefas e blocos Always são os elementos principais. Não há qualquer preocupação com a realização estrutural do projeto.

Nível de transferência de registos

Os desenhos que utilizam o nível de transferência de registos especificam as caraterísticas de um circuito através de operações e da transferência de dados entre os registos. É utilizado um relógio explícito. A conceção RTL contém limites temporais exactos: as operações são programadas para ocorrerem em determinados momentos. A definição moderna de código RTL é: "Qualquer código sintetizável é designado por código RTL".

Nível do portão

No nível lógico, as caraterísticas de um sistema são descritas por ligações lógicas e pelas suas propriedades de temporização. Todos os sinais são sinais discretos. Só podem ter valores lógicos definidos ('0', '1', 'X', 'Z'). As operações utilizáveis são primitivas lógicas predefinidas (portas AND, OR, NOT, etc.). Utilizar a modelação ao nível da porta pode não ser uma boa ideia para qualquer nível de conceção lógica. O código ao nível da porta é gerado por ferramentas como as ferramentas de síntese e esta lista de redes é utilizada para a simulação ao nível da porta e para o backend.

APÊNDICE B
FLUXO DE CONCEPÇÃO FPGA

B.1. INTRODUÇÃO

A FPGA contém uma matriz bidimensional de blocos lógicos e interligações entre blocos lógicos. Tanto os blocos lógicos como as interligações são programáveis. Os blocos lógicos são programados para implementar uma função desejada e as interligações são programadas utilizando as caixas de comutação para ligar os blocos lógicos. Para ser mais claro, se quisermos implementar um desenho complexo (CPU, por exemplo), então o desenho é dividido em pequenas subfunções e cada subfunção é implementada usando um bloco lógico. Agora, para obtermos o desenho desejado (CPU), todas as subfunções implementadas em blocos lógicos devem ser ligadas e isso é feito através da programação das interligações. . A estrutura interna de uma FPGA está representada na figura **B-1.**

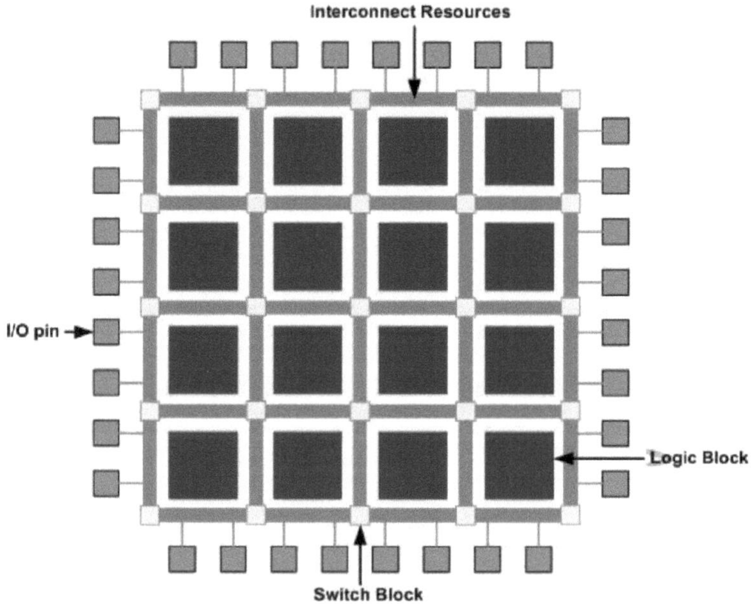

Figura B-1: Arquitetura FPGA.

Os FPGAs, em alternativa aos ICs personalizados, podem ser utilizados para implementar um sistema completo num chip (SOC). A principal vantagem dos FPGA é a capacidade de reprogramação. O utilizador pode reprogramar um FPGA para implementar um desenho, o que é feito depois de o FPGA ser fabricado. Daí o nome "Field Programmable". Os circuitos integrados personalizados são caros e demoram muito tempo a conceber, pelo que são úteis quando produzidos em grandes quantidades. Mas os FPGA são fáceis de implementar num curto espaço de tempo com a ajuda de ferramentas de desenho assistido por computador

(CAD) (porque não há processo de disposição física, nem fabrico de máscaras, nem fabrico de CI). Algumas desvantagens dos FPGAs são o facto de serem lentos em comparação com os CIs personalizados, uma vez que não conseguem lidar com desenhos muito complexos e também consomem mais energia. O bloco lógico da Xilinx é constituído por uma tabela de consulta (LUT) e um flip-flop. Uma LUT é utilizada para implementar uma série de funcionalidades diferentes. As linhas de entrada para o bloco lógico vão para a LUT e activam-na. A saída da LUT dá o resultado da função lógica que implementa e a saída do bloco lógico é a saída registada ou não registada da LUT. A SRAM é utilizada para implementar uma LUT. Uma função lógica de k entradas é implementada utilizando 2^n κ * 1 tamanho de SRAM. O número de diferentes funções possíveis para uma LUT de k entradas é 2 2^{nn} κ. A vantagem desta arquitetura é que permite a implementação de muitas funções lógicas, mas a desvantagem é o número invulgarmente elevado de células de memória necessárias para implementar um tal bloco lógico, caso o número de entradas seja elevado. A figura **B-2** abaixo mostra uma implementação de um bloco lógico baseado numa LUT de 4 entradas.

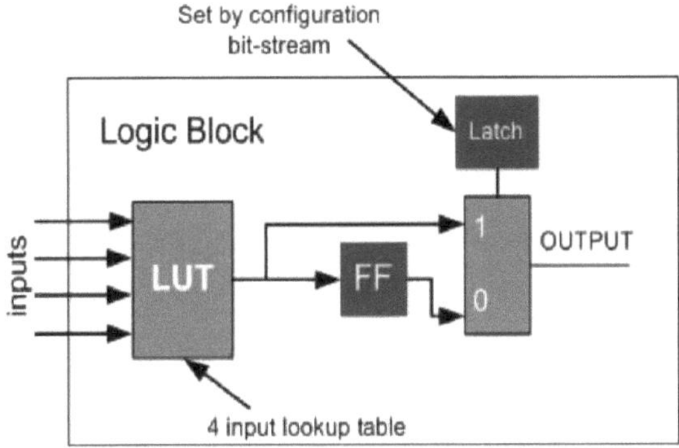

Figura B-2: LUT da Xilinx.

A conceção baseada em LUT permite uma melhor utilização do bloco lógico. Um bloco lógico baseado numa LUT de k entradas pode ser implementado de várias formas diferentes, com uma relação de compromisso entre desempenho e densidade lógica. Uma n-LUT pode ser apresentada como uma implementação direta de uma tabela de verdade de uma função. Cada um dos trincos contém o valor da função correspondente a uma combinação de entradas. Por exemplo: 2-LUT podem ser utilizadas para implementar 16 tipos de funções como AND, OR, A+not B, etc.

A	B	AND	OR
0	0	0	0
0	1	0	1
1	0	0	1
1	1	1	1

B.2: INTERCONEXÕES

Um segmento de fio pode ser descrito como dois pontos finais de uma interconexão sem comutação programável entre eles. Uma sequência de um ou mais segmentos de fios numa FPGA pode ser designada por via. Normalmente, uma FPGA tem blocos lógicos, interligações e blocos de comutação (blocos de entrada/saída). Os blocos de comutação situam-se na periferia dos blocos lógicos e da interligação. Os segmentos de fios são ligados aos blocos lógicos através dos blocos de comutação. Dependendo da conceção pretendida, um bloco lógico é ligado a outro e assim sucessivamente. Nesta parte do tutorial, vamos fazer uma breve introdução ao fluxo de conceção da FPGA. Uma versão simplificada do fluxo de conceção é apresentada na figura A-3.

B.3: ENTRADA NO PROJECTO

Existem diferentes técnicas para a introdução de desenhos. Baseada em esquemas, linguagem de descrição de hardware e combinação de ambas, etc.. A seleção de um método depende do projeto e do projetista. Se o projetista quiser lidar mais com o hardware, então a entrada esquemática é a melhor escolha. Quando o projeto é complexo ou o projetista pensa o projeto de uma forma algorítmica, então a HDL é a melhor escolha. A entrada baseada em linguagem é mais rápida, mas fica aquém do desempenho e da densidade. As HDL representam um nível de abstração que pode isolar os projectistas dos pormenores da implementação do hardware. A entrada baseada em esquemas dá aos projectistas muito mais visibilidade do hardware. É a melhor escolha para quem está orientado para o hardware. Outro método, mas raramente utilizado, é o das máquinas de estados. É a melhor escolha para os projectistas que pensam o projeto como uma série de estados. Mas as ferramentas para a entrada de máquinas de estado são limitadas. Nesta documentação, vamos lidar com a entrada de projeto baseada em HDL.

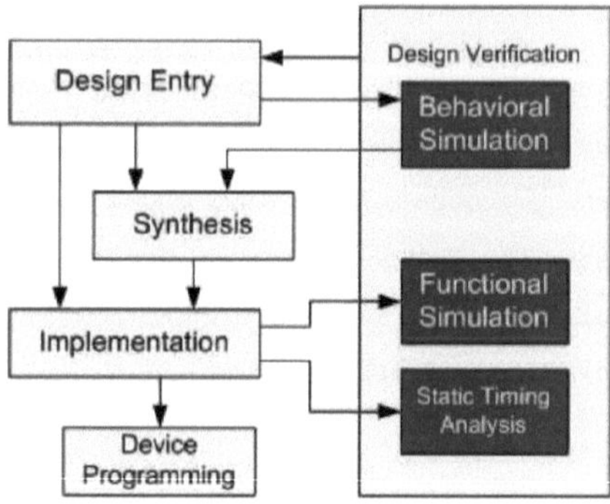

Figura B-3: Fluxo de conceção da FPGA.

B.4: SÍNTESE

O processo que traduz o código VHDL ou Verilog para um formato de lista de rede de dispositivos, ou seja, um circuito completo com elementos lógicos (portas, flip flops, etc.) para o projeto. Se o projeto contiver mais do que um subprojecto, por exemplo, para implementar um processador, precisamos de uma CPU como elemento de projeto e de RAM como outro, etc., o processo de síntese gera uma lista de rede para cada elemento de projeto. O processo de síntese verifica a sintaxe do código e analisa a hierarquia do projeto, o que garante que este é optimizado para a arquitetura de projeto selecionada pelo projetista. A(s) lista(s) de redes resultante(s) é(são) guardada(s) num ficheiro NGC (Native Generic Circuit) (para a Xilinx Synthesis Technology (XST)).

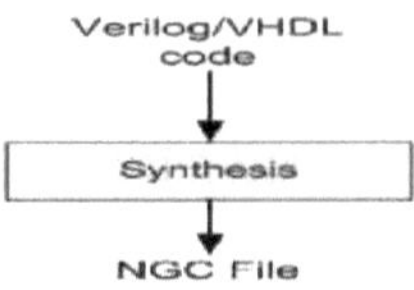

Figura B-4: Síntese FPGA.

B.5: APLICAÇÃO

Este processo consiste numa sequência de três etapas

1. Traduzir

2. Mapa

3. Local e itinerário

O processo de **tradução** combina todas as listas de redes e restrições de entrada num ficheiro de desenho lógico. Esta informação é guardada como um ficheiro NGD (Native Generic Database). Isso pode ser feito usando o programa NGD Build. Aqui, definir restrições não é mais do que atribuir as portas do projeto aos elementos físicos (ex. pinos, interruptores, botões, etc.) do dispositivo visado e especificar os requisitos de tempo do projeto. Esta informação é armazenada num ficheiro denominado UCF (User Constraints File).

As ferramentas utilizadas para criar ou modificar a UCF são o PACE, o Constraint Editor, etc.

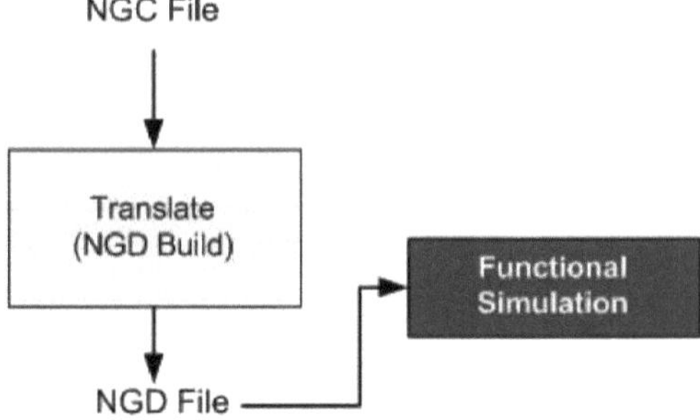

Figura B-5: Tradução FPGA.

O processo **de mapeamento** divide todo o circuito com elementos lógicos em sub-blocos, de modo a poderem ser encaixados nos blocos lógicos da FPGA. Isto significa que o processo de mapeamento encaixa a lógica definida pelo ficheiro NGD nos elementos FPGA visados (Blocos Lógicos Combinacionais (CLB), Blocos de Entrada/Saída (IOB)) e gera um ficheiro NCD (Descrição Nativa do Circuito) que representa fisicamente o desenho mapeado para os componentes da FPGA. Para o efeito, é utilizado o programa MAP.

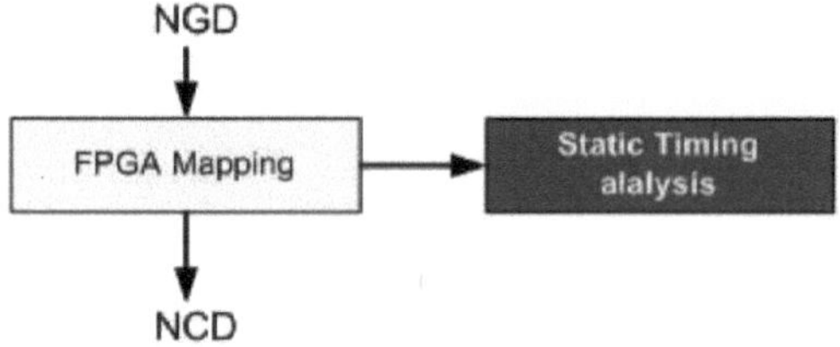

Figura B-6: Mapa da FPGA.

O programa **Place and** RoutePAR é utilizado para este processo. O processo de colocação e encaminhamento coloca os sub-blocos do processo de mapeamento em blocos lógicos de acordo com as restrições e liga os blocos lógicos. Por exemplo, se um sub-bloco for colocado num bloco lógico que esteja muito próximo de um pino IO, isso pode poupar tempo, mas pode afetar outras restrições. Assim, o processo de colocação e encaminhamento tem em conta o compromisso entre todas as restrições. A ferramenta PAR recebe o ficheiro NCD mapeado como entrada e produz um ficheiro NCD completamente encaminhado como saída. O ficheiro NCD de saída é constituído pelas informações de encaminhamento.

A.6 PROGRAMAÇÃO DO DISPOSITIVO

Agora o projeto deve ser carregado na FPGA. Mas o desenho tem de ser convertido num formato para que a FPGA o possa aceitar. O programa BITGEN encarrega-se desta conversão. O ficheiro NCD encaminhado é então fornecido ao programa BITGEN para gerar um fluxo de bits (um ficheiro .BIT) que pode ser utilizado para configurar o dispositivo FPGA de destino. Isto pode ser feito utilizando um cabo. A seleção do cabo depende do projeto.

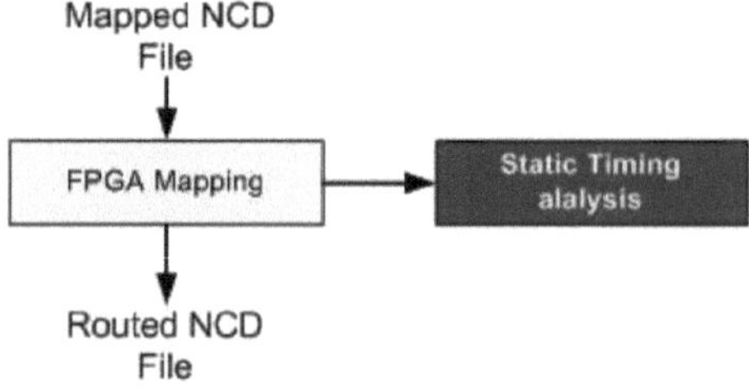

Figura B-7: Colocação e encaminhamento da FPGA.

B.7: VERIFICAÇÃO DO PROJECTO

A verificação pode ser efectuada em diferentes fases das etapas do processo.

Simulação comportamental (simulação RTL) Esta é a primeira de todas as etapas de simulação; estas são encontradas em toda a hierarquia do fluxo de projeto. Esta simulação é realizada antes do processo de síntese para verificar o código RTL (comportamental) e confirmar que o projeto está a funcionar como pretendido. A simulação comportamental pode ser efectuada em projectos VHDL ou Verilog. Neste processo, os sinais e as variáveis são observados, os procedimentos e as funções são rastreados e são definidos pontos de interrupção. Esta simulação é muito rápida e permite ao projetista alterar o código HDL se a funcionalidade pretendida não for atingida num curto espaço de tempo. Uma vez que o projeto ainda não foi sintetizado ao nível da porta, as propriedades de temporização e de utilização de recursos ainda são desconhecidas.

Simulação funcional (Simulação pós-tradução) A simulação funcional fornece informações sobre o funcionamento lógico do circuito. O designer pode verificar a funcionalidade do projeto utilizando este processo após o processo de tradução. Se a funcionalidade não for a esperada, o projetista tem de fazer alterações no código e seguir novamente os passos do fluxo de conceção.

Análise de temporização estática Pode ser efectuada após os processos MAP ou PAR O relatório de temporização pós-MAP enumera os atrasos do percurso do sinal do desenho derivados da lógica do desenho. O relatório de temporização Post Place and Route incorpora informações de atraso de temporização para fornecer uma temporização abrangente.

APÊNDICE C
PLATAFORMA DE AVALIAÇÃO SPARTAN-3E

C.1 Introdução

Este capítulo fornece informações básicas sobre as capacidades, funções e design da placa XC3S500E fg320. Inclui informações gerais sobre como utilizar os vários periféricos da placa. Por fim, este capítulo fornece informações sobre como configurar a FPGA.

C.2 Sistema de desenvolvimento XC3S500E fg320

A XC3S500E fg320 é uma plataforma de avaliação e desenvolvimento de uso geral rica em recursos, com memória integrada e interfaces de conetividade padrão da indústria, conforme mostrado na Fig. C.1. Inclui o dispositivo Virtex-5 XC3S500E fg320.

O XC3S500E fg320 é uma plataforma unificada para o ensino e a investigação em disciplinas como:

❖ Design digital

❖ Sistemas incorporados

❖ Processamento digital de sinais e comunicações

❖ Arquitetura de computadores

❖ Sistemas operativos

❖ Trabalho em rede

❖ Processamento de vídeo e imagem

❖ Transceptores de E/S de série de alta velocidade.

A placa Spartan-3E Starter Kit destaca as caraterísticas únicas da família Spartan-3E FPGA e fornece uma placa de desenvolvimento conveniente para aplicações de processamento incorporadas. A placa destaca os seguintes recursos:

Caraterísticas específicas do Spartan-3E

❖ Configuração de Flash NOR paralelo

❖ Configuração da FPGA de arranque múltiplo a partir da PROM Flash NOR paralela
❖ Configuração Flash série SPI

Desenvolvimento incorporado:

❖ Processador RISC incorporado Micro Blaze de 32 bits
❖ Controlador incorporado Pico Blaze de 8 bits
Interfaces de memória DDR

Figura C1 Placa FPGA Spartan-3e XC3S500E fg320

C.3 Desvios de conceção

Foram necessários alguns compromissos de design ao nível do sistema para fornecer à placa Spartan-3E Starter Kit o máximo de funcionalidade.

Métodos de configuração:

Uma aplicação FPGA típica utiliza uma única memória não volátil para armazenar imagens de configuração. Para demonstrar as novas capacidades do Spartan-3E, a placa do kit inicial tem três fontes de memória de configuração diferentes que precisam de funcionar bem em conjunto. As funções de configuração adicionais tornam a placa do kit inicial mais complexa do que as aplicações típicas do Spartan-3E. A placa do kit inicial também inclui uma interface de programação JTAG baseada em USB. O circuito no chip simplifica a experiência de programação do dispositivo. Em aplicações típicas, o hardware de programação JTAG reside fora da placa ou num módulo de programação separado, como o cabo USB da plataforma Xilinx.

A placa do Spartan-3E Starter Kit tem

- ❖ FPGA Xilinx Spartan-3E, 500K ou 1200K portas
- ❖ Porta USB2 que fornece alimentação à placa, configuração do dispositivo e transferências de dados a alta velocidade

❖ Funciona com ISE/Web pack e EDK

❖ PSDRAM Micron rápida de 16 MB

❖ Flash Intel Strata de 16 MB

❖ Flash ROM da plataforma Xilinx

❖ Fontes de alimentação de comutação de alta eficiência (boas para aplicações alimentadas por bateria)

❖ Oscilador de 50MHz, mais uma tomada para um segundo oscilador

❖ 9,75 E/S da FPGA encaminhadas para conectores de expansão (um conetor Hirose FX de alta velocidade com 43 sinais e quatro conectores Pmod 2x6)

❖ Todos os sinais de E/S estão protegidos contra ESD e curto-circuitos, garantindo uma longa vida útil em qualquer ambiente.

❖ A E/S integrada inclui oito LEDS, um ecrã de quatro dígitos de sete segmentos, quatro botões de pressão, oito interruptores deslizantes

❖ É fornecido numa caixa de DVD com um cabo USB2 de alta velocidade.

Visão geral do procedimento:

❖ **Desenhe** o circuito que gostaria de mapear para a peça Xilinx na FPGA. Pode utilizar esquemas ou Verilog, ou uma mistura de ambos.

❖ **Simule** seu circuito usando o Simulador ISE e uma bancada de teste Verilog para fornecer entradas ao circuito. Utilize declarações "if" no seu banco de testes para fazer a auto-verificação.

❖ Gere um arquivo **UCF** para conter restrições, como atribuições de pinos (mais tarde, usaremos o arquivo UCF para outras restrições, como tempo e velocidade). Utilize a ferramenta **Plan Ahead** para gerar este ficheiro.

❖ **Atribua** os pinos de E/S do seu projeto aos pinos da FPGA aos quais pretende que sejam ligados.

❖ **Sintetizar** o projeto para a FPGA utilizando a ferramenta de síntese XST.

❖ **Implementar** o projeto para o mapear para a FPGA específica na placa Spartan-3

❖ Gerar o **ficheiro .bit de programação** que contém o fluxo de bits que configura a FPGA.

❖ Ligue a sua placa Spartan3 ao computador e utilize a ferramenta **iMPACT** para programar a FPGA utilizando o fluxo de bits. No ecrã iMPACT, deverá ver a seguinte janela que mostra os chips programáveis e os ficheiros de bits associados ou configurações de bypass.

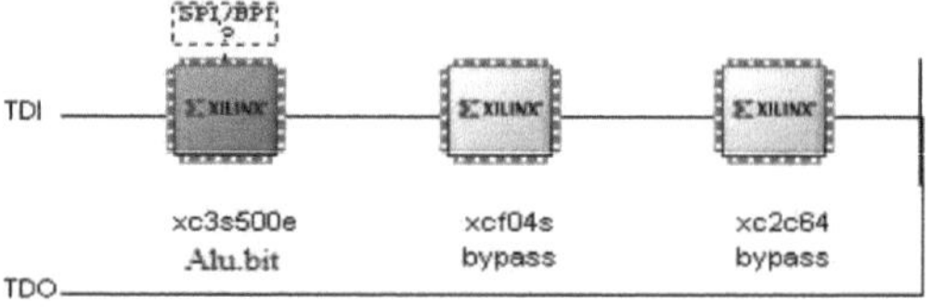

Figura C2 FPGA com ficheiro de fluxo de bits

9. Agora pode selecionar o Spartan-3E (o **xc3s500e**) e clicar com o botão direito do rato para obter uma caixa de diálogo. Selecione **Program** nesta caixa de diálogo para programar a FPGA.

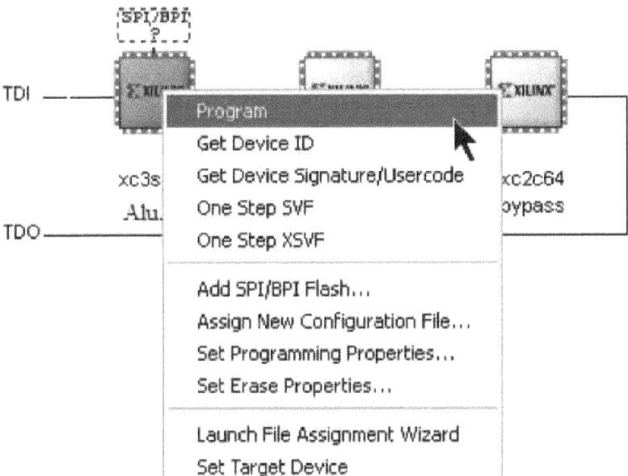

Figura C3 selecionar o ficheiro de bits

Deverá ver a seguinte indicação de que a programação foi bem sucedida. Também deverá ver o LED **xc-done** (um pequeno LED amarelo por baixo do jumper J30 na placa) acender-se se a programação for bem sucedida.

Aqui vemos os 8 LEDS com base nos LEDS acesos e apagados, podemos compreender a saída do sistema.

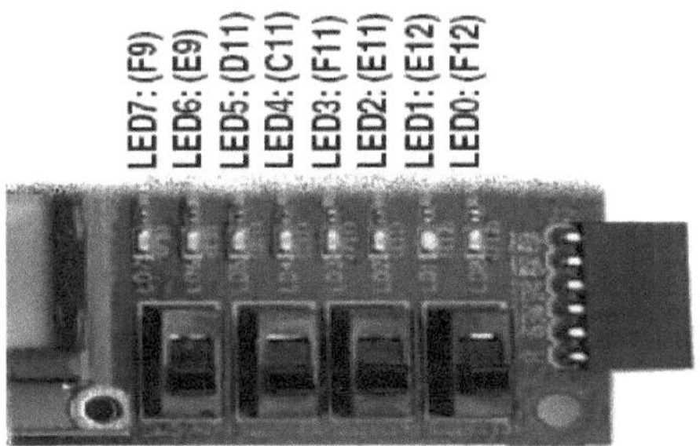

Figura C4 Oito LEDs discretos

yes
I **want** morebooks!

Buy your books fast and straightforward online - at one of world's fastest growing online book stores! Environmentally sound due to Print-on-Demand technologies.

Buy your books online at
www.morebooks.shop

Compre os seus livros mais rápido e diretamente na internet, em uma das livrarias on-line com o maior crescimento no mundo! Produção que protege o meio ambiente através das tecnologias de impressão sob demanda.

Compre os seus livros on-line em
www.morebooks.shop

info@omniscriptum.com
www.omniscriptum.com

Printed by Books on Demand GmbH, Norderstedt / Germany